U0864824

"十三五"普通高等教育规划教材

C 语言程序设计实用教程

主 编 董 琴 陈 瑾 邵洪成 孙 久

北京邮电大学出版社
·北京·

内 容 简 介

C 语言一直是软件开发领域应用最广泛的语言之一。本书基于 VC++ 2010 运行环境，将课程所有知识点融入丰富的实例中，深入浅出，讲解详细，从概念入手，将难点分散，注重培养学生的编程能力。

本书全面地介绍了C语言的基本概念和编程要点，以“提出问题—分析问题—解决问题—归纳总结”的步骤剖析知识点，以“提出任务—算法分析—编写程序—运行程序—总结说明”的步骤全面透彻地讲解实例，让读者很快地掌握 C 语言的程序设计方法和基本操作。

本书可以作为高等院校计算机专业的教材，也可以作为其他专业 C 语言程序设计课程的教材，或者作为读者自学参考书。

图书在版编目（CIP）数据

C 语言程序设计实用教程 / 董琴等主编 . -- 北京 ：北京邮电大学出版社，2019.8（2025.7 重印）

ISBN 978-7-5635-5817-9

Ⅰ . ① C…　Ⅱ . ①董 ··　Ⅲ . ① C 语言—程序设计—高等学校—教材　Ⅳ . ① TP312.8

中国版本图书馆 CIP 数据核字（2019）第 170395 号

书　　名　C 语言程序设计实用教程
主　　编　董　琴　陈　瑾　邵洪成　孙　久
责任编辑　张保林
出版发行　北京邮电大学出版社
社　　址　北京市海淀区西土城路 10 号（100876）
电话传真　010-82333010　62282185（发行部）　010-82333009　62283578（传真）
网　　址　www.buptpress3.com
电子信箱　buptpress3@163.com
经　　销　各地新华书店
印　　刷　三河市骏杰印刷有限公司
开　　本　787 mm × 1 092 mm　1/16
印　　张　15.5
字　　数　387 千字
版　　次　2019 年 8 月第 1 版　2025 年 7 月第 8 次印刷

ISBN 978-7-5635-5817-9　　定价：45.00 元

前　言

1972年，美国贝尔实验室的丹尼斯·里奇（D.M.Ritchie）在B语言的基础上设计出C语言。由于C语言可移植性好，是一个有结构化程序设计、具有变量作用域（variable scope）以及递归功能的过程式语言，还可以通过指针（pointer）很容易地对存储器进行低级控制，因此C语言迅速在世界推广，后经40多年雕琢，广泛应用于各个行业。

“C语言程序设计”课程一直是高等学校一门基本的计算机课程。当代大学生通过学习C语言程序设计，理解软件生产的特点和生产过程，将来即使不是专业的计算机人员，也能很好地与程序开发人员沟通合作，开发相关专业领域的应用程序，从而更好地把计算机应用于本领域。

全书共10章。第1章主要介绍C语言的发展和特点，并结合实例展示C语言的概貌，同时简单地介绍了C语言程序的开发环境和过程；第2章介绍了程序设计的概念、常见算法；第3章介绍C语言常量、简单变量以及基本数据类型、运算符和表达式等基础知识，同时还介绍了运算符的优先级、结合性和数据的输入、输出、计算和处理以及顺序结构程序设计的方法与步骤；第4章介绍分支结构语句以及分支结构程序设计的方法和步骤；第5章介绍各种循环结构（当型循环、直到型循环、计数型循环、循环嵌套）程序设计的基本格式和步骤；第6章介绍数组的基本概念，数组的定义和使用方法，还介绍了用数组处理数值型数据与字符串的处理技术；第7章介绍函数的定义与调用以及函数的嵌套和递归调用，还介绍了变量的作用域与存储类别；第8章介绍指针的概念和使用方法，用指针指向变量、指向数组以及指向指针的应用；第9章介绍结构体与共用体的概念、结构体数组以及结构体指针，同时还介绍了枚举类型；第10章介绍数据文件的基本概念、文件的操作方法以及文件的应用；附录中给出了ASCII代码表、C语言关键字与运算符等。

学习C语言程序设计需要掌握解决问题的相应算法，并学习如何用计算机语言编写程序实现算法。本书深入浅出，由浅入深，在介绍各个知识点时，力求语言通俗易懂，适合初学者使用，也适合教师组织教学。学习者需要重视实践的操作，学会算法和基本的语法后要自己动手编写程序代码。同时学习过程中需要注意掌握程序设计解决问题的思路和方法，为以后学习其他语言或应用到实际工作中打下坚实的基础。

本书的编写得到了邵洪成、陈瑾、孙久、韩立毛、徐秀芳、赵雪梅、金琳等老师的支持和帮助，还有宋仁峰、陈博炜、吴玉森、王晨骁、周逸泽、吴品璋等同学的研讨和协同编写，在此一并感谢。

在党的二十大报告提出的“加强教材建设和管理”精神的指引下，本次重印前，编者再次对全书进行了检查和梳理。

由于作者水平有限，时间仓促，书中难免会有不少错误和不足之处，恳请读者批评指正，并多多包涵。

编　者

目 录

第1章 C语言概述

1.1 C语言的引入

1.1.1 计算机程序的概念

程序是能实现特定目标或解决特定问题而用计算机语言编写的一组计算机能识别和执行的指令，每一条指令使计算机执行特定的操作。程序设计则是按指定要求编写计算机能够识别的特定指令组合的过程。

计算机是根据人们事先编制好的程序自动进行工作的，而程序则是通过程序设计，用程序设计语言编制的。

1.1.2 计算机语言

人和计算机需要交流信息，就需要解决语言问题，需要创造一种计算机和人都能识别的语言，这就是计算机语言。

计算机语言按其发展阶段一般分为机器语言（由0和1组成的指令）、符号（汇编）语言（用英文字母和数字表示的指令）、高级语言（接近于人的自然语言和数学语言）这三类，三类语言的比较如表1.1所示，通常按其发展阶段又可以分为低级语言和高级语言两大类，其中低级语言包括机器语言和汇编语言，而高级语言经历了不同的发展阶段，即非结构化的语言、结构化语言、面向对象的语言。

表 1.1　三类语言的比较

编程语言	描　述
机器语言	1. 计算机能够直接识别并执行，由 0 和 1 代码串组成 2. 程序员非常难于记忆和识别
汇编语言	1. 可以直接对硬件操作，由指令、伪操作和宏指令组成 2. 程序用英文缩写的标识符，程序员更加容易识别和记忆 3. 程序经汇编生成的可执行文件小、执行速度快
高级语言	1. 屏蔽编程语言的相关细节，如寄存器、堆栈编程 2. 程序需要通过“翻译”后才能被计算机执行 3. 学习较容易，有良好的可读性和可维护性

1.1.3　C 语言的发展及其特点

1. C 语言的由来

C 语言是 1972 年由美国的 Dennis Ritchie（丹尼斯·里奇）设计发明的，并首次在 UNIX 操作系统的 DEC PDP-11 计算机上使用。C 语言的原型是 ALGOL 60 语言，也称为 A 语言。在 1970 年，电话电报公司（AT&T）贝尔实验室的 Ken Thompson（肯·汤普森）根据 BCPL 语言设计出较先进的语言并取名为 B 语言，这些都是 C 语言的前身。1978 年美国（AT&T）贝尔实验室正式发布了 C 语言。

2. C 语言的应用领域

C 语言的应用领域非常广泛，如人工智能、单片机控制、计算机系统软件等的底层开发、工业控制、智能仪表、嵌入式系统、硬件驱动程序开发等。

3. 基于 C 语言的编程语言及特点

① C++ 语言。C++ 语言是 C 语言的超集，它对 C 语言的最大改进是引进了面向对象机制，同时它依然具有 C 语言的所有特性，保留对 C 语言的兼容，适合于开发桌面程序和游戏后台。

② Java 语言。Java 语言是基于 C++ 语言的，也继承了 C 语言的许多特性。它是一种可以编写跨平台应用软件的面向对象的程序设计语言，是由 Sun 公司于 1995 年 5 月推出的 Java 程序设计语言和 Java 平台（JavaSE，JavaEE，JavaME）的总称。Java 技术具有卓越的通用性、高效性、平台移植性和安全性，广泛应用于个人 PC 机、数据中心、游戏控制台、科学计算机、移动电话和互联网，同时拥有全球最大的开发者专业社群。

③ C# 语言。C#（读作 C Sharp）是由微软公司开发的一种面向对象的、运行于 .NET Framework 之上的高级程序设计语言。它由 C++ 和 Java 语言发展而来，侧重于网络与数据库编程。

注意： Microsoft Visual C++（简称 Visual C++、MSVC、VC++ 或 VC）是微软公司的 C++ 开发工具，具有集成开发环境，可编辑 C 语言、C++ 以及 C++/CLI 等编程语言。

目前，在微机上广泛使用的 C 语言编译系统有 Microsoft C（MSC）、Turbo C（TC）、

Borland C（BC）、Visual C++ 6.0、Visual C++ 2010 等集成开发环境。这些编译系统不仅实现了 ANSI C 标准，而且在此基础上各自作了一些扩充，有其自身的特点，更加方便、完美。本书选定的上机环境是 Microsoft Visual C++ 2010 Express（以下简称 VC++ 2010）。

1.2　C 语言程序的基本结构

1.2.1　简单 C 语言程序实例

【例 1.1】 利用 C 语言程序计算两个整数之和。

（1）算法分析

这是一个简单的求和运算，由于程序和数据要放到内存中才能被执行，因此，需要 3 个单元的存储空间才能存放加数、被加数与和。此处定义 *a*，*b* 两个变量并赋值，表示加数和被加数，sum 存放 *a* 与 *b* 的和，然后输出两者之和。

（2）程序设计

```
1  / *------------------例 1.1.c---------------- */
2  #include <stdio.h>                          /* 编译预处理命令 */
3  void main()                                 /* 定义主函数 */
4  {                                           /* 函数开始标志 */
5     int a,b,sum;                             /* 声明 a,b,sum 为整型变量 */
6     a=1;b=2;                                 /* 给变量 a,b 赋初值 */
7     sum=a+b;                                 /* 计算 a+b，并将结果放在变量 sum 中 */
8     printf("sum=%d\n",sum);                  /* 输出结果 */
9  }                                           /* 函数结束标志 */
```

（3）程序运行

程序运行结果如下。

```
sum=3
```

（4）程序说明

第 1 行表示注释部分，为便于理解，可用汉字表示注释，当然也可以用英文作注释。注释对编译和运行不起作用，只是为了增加程序的可读性，便于维护。注释可以加在程序中任何位置。

第 2 行是以 # 开始的编译预处理命令，是在编译系统翻译代码前需由预处理程序处理的语句。本例中 #include <stdio.h> 语句是请求预处理程序将文件 stdio.h 包含到程序中，作为程序的一部分。

第 3 行中，main 是函数名，函数名后面必须跟一对圆括号，括号内可以设置形参，也可以没有，如 main()；前面的 void 表示函数值的类型是 void 类型（空值类型）。

第 4 行和第 9 行分别表示函数的开始和结束标志。

第 5 行是变量声明部分，将变量 *a*，*b* 和 sum 定义为整型（int）变量。

第 6 行是两个赋值语句，使变量 *a* 和 *b* 的值分别为 1 和 2。

第 7 行是求和，使 sum 的值为 *a*+*b*。

第 8 行为输出语句，使用标准输出函数 printf()，以指定格式输出变量 sum 的值。“%d”表示以十进制整数形式输出 sum 的值，printf() 函数中括弧内最右端 sum 是要输出的变量，现在它的值为 3（1+2 的值），因此输出一行信息为 sum =3。其中“%d”是输入输出的格式字符串，用来指定输入输出时数据的类型和格式（详见第 3 章）。

1.2.2 C 语言程序的基本结构

C 语言程序主要由以下几部分组成。

①函数是 C 语言程序的基本构件，这使得程序容易实现模块化。一个 C 语言程序只能有一个 main() 函数。

②一个函数由两部分组成。

函数的首部：int max（int x，int y）

函数体：花括号内的部分。若一个函数有多个花括号，则最外层的一对花括号为函数体的范围。

函数体包括两部分。

声明部分：如 int a，b，c；

执行部分：由若干个语句组成，且函数的声明部分和执行部分都可为缺省状态。

例如，

```
void dump ()
{
}                                  // 这是一个空函数，什么也不做，但是是合法的函数
```

③ C 语言程序总是从 main() 函数开始执行的，与 main() 函数的位置无关。

④ C 语言程序书写格式自由，一行内可以写几个语句，一个语句也可以分写在多行上。它没有行号，但建议一行写一条语句。

⑤每个语句以及数据声明的最后必须有一个分号。

⑥ C 语言本身没有输入输出语句，输入和输出的操作是由库函数 scanf() 和 printf() 等函数来完成的。该语言对输入输出实行“函数化”。

⑦ // 和 /*… …*/ 表示注释。注释的内容不执行，为了便于阅读、方便别人和自己，有时用于调试时起屏蔽某段程序作用。

1.3 C 语言程序的上机过程与步骤

1.3.1 C 语言程序的上机过程

一个 C 语言程序的上机过程一般为编辑→编译→连接→运行。

①编辑。使用一个文本编辑器编辑 C 语言源程序，并将其保存为文件扩展名为“.c”的文件。

②编译。将编辑好的 C 语言源程序翻译成二进制目标代码的过程。编译过程由 C 语言编译系统自动完成。编译时首先检查源程序的每一条语句是否有语法错误，当发现错误时，在屏幕上显示错误的位置和错误类型信息，此时要再次调用编辑器进行查错并修改，然后再进行编译，直到排除所有的语法和语义错误。正确的源程序文件经过编译后，在磁盘上生成同名的目标文件（.obj）。

③连接。将目标文件和库函数等连接在一起形成一个扩展名为“.exe”的可执行文件。如果函数名称写错或漏写包含库函数的头文件，则可能提示错误信息，从而得到程序错误数据。

④运行。可以脱离 C 语言编译系统，直接在操作系统下运行。若执行程序后达到了预期的目的，则 C 程序的开发工作到此完成，否则要进一步修改源程序，重复“编辑→编译→连接→运行”的过程，直到取得正确结果为止。

1.3.2　C 语言程序的上机步骤

1. 启动与退出程序

在 VC++ 2010 程序环境下，要创建 C 程序，首先要启动 VC++ 2010，进入它的集成开发环境。启动 VC++2010 程序一般应包括以下几个步骤。

①双击桌面上的 C++ 2010 快捷方式，运行 VC++ 2010，或通过执行“开始”→“程序”→“Microsoft Visual Studio 2010 Express”→“Microsoft Visual C++ 2010 Express”，或执行文件“C:\ Program Files（x86）\ Microsoft Visual Studio 10.0\Common7\IDE\ VCExpress.exe”。

②单击“文件”菜单中的“新建”子菜单中的“项目”命令。

③在打开的“新建项目”对话框中，再选择“win32”栏目中的“win32 控制台应用程序”。

④在名称位置输入项目文件名，再选择文件保存位置，如图 1.1 ~ 图 1.3 所示。

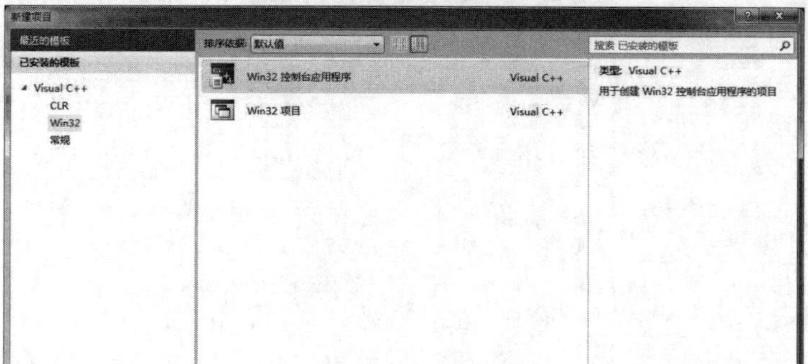

图 1.1　新建文件界面

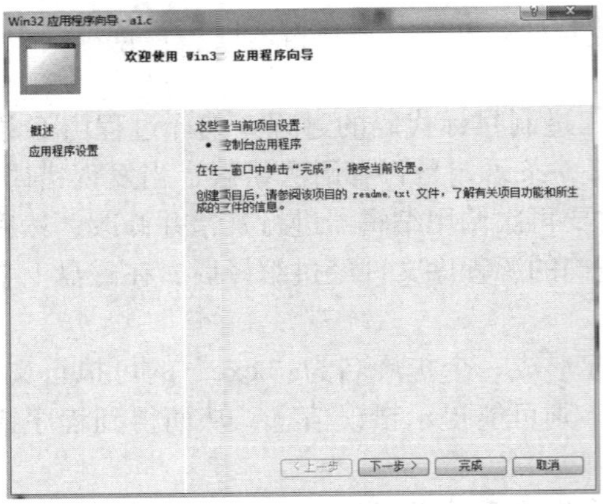

图 1.2　win 32 应用程序向导

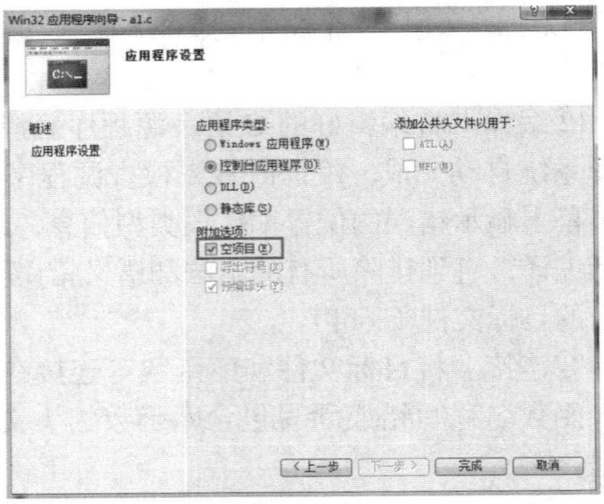

图 1.3　新建空项目

⑤新建源文件，如图 1.4 和图 1.5 所示。

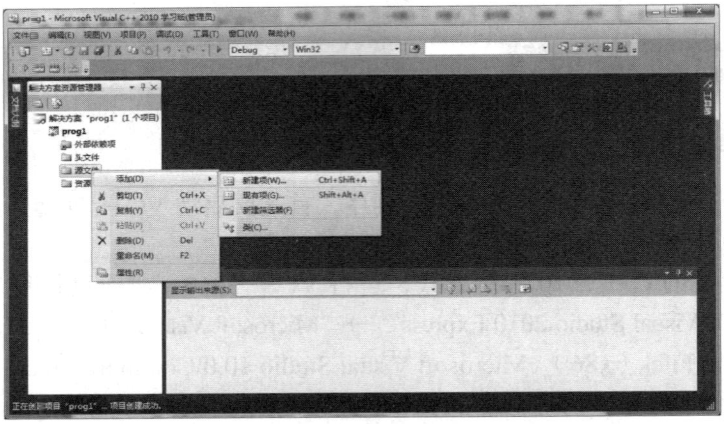

图 1.4　新建源文件

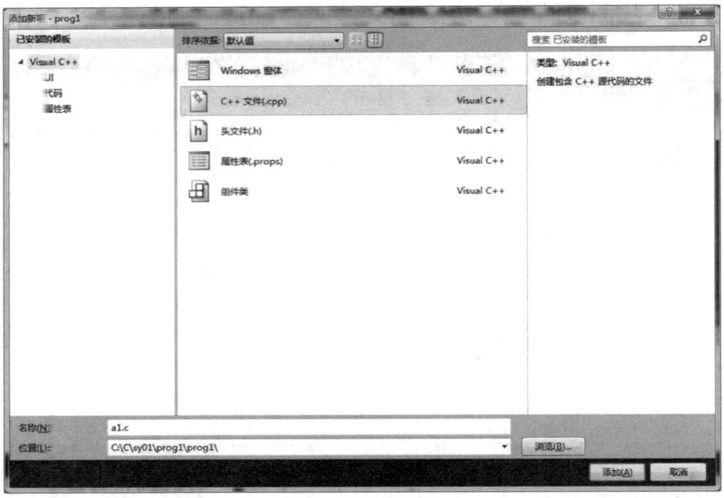

图 1.5　新建 C 程序

⑥输入源程序。

⑦编译程序：按组合键“Ctrl+F7”，或通过“编译”菜单中的“编译”命令，或使用工具栏中的相应工具进行编辑，如图 1.6 所示。若程序有错则找到出错行修改程序。

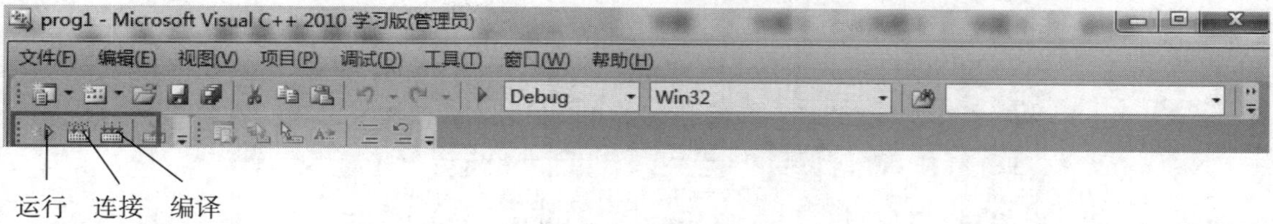

图 1.6　界面上的工具

⑧连接：若程序没有语法错误，则可按功能键 F7，或执行“编译”菜单中的“构件”命令，或通过工具栏中的相关工具（编译工具右边工具），进行连接生成可执行文件。

⑨运行程序：按组合键“Ctrl+F5”，或通过“编译”菜单中的执行命令，或通过工具栏中的“▷”工具运行程序。

⑩退出 VC++ 2010 程序只需单击主界面上的“关闭”按钮，或单击“文件”菜单中的“退出”命令即可。如果当前的应用程序没有被保存，系统会提示是否保存。

2. VC++ 2010 集成开发环境

VC++ 2010 的集成开发环境主要由标题栏、菜单栏、工具栏、项目工作区窗口、源程序编辑窗口、输出窗口和状态栏这七部分组成，如图 1.7 所示。

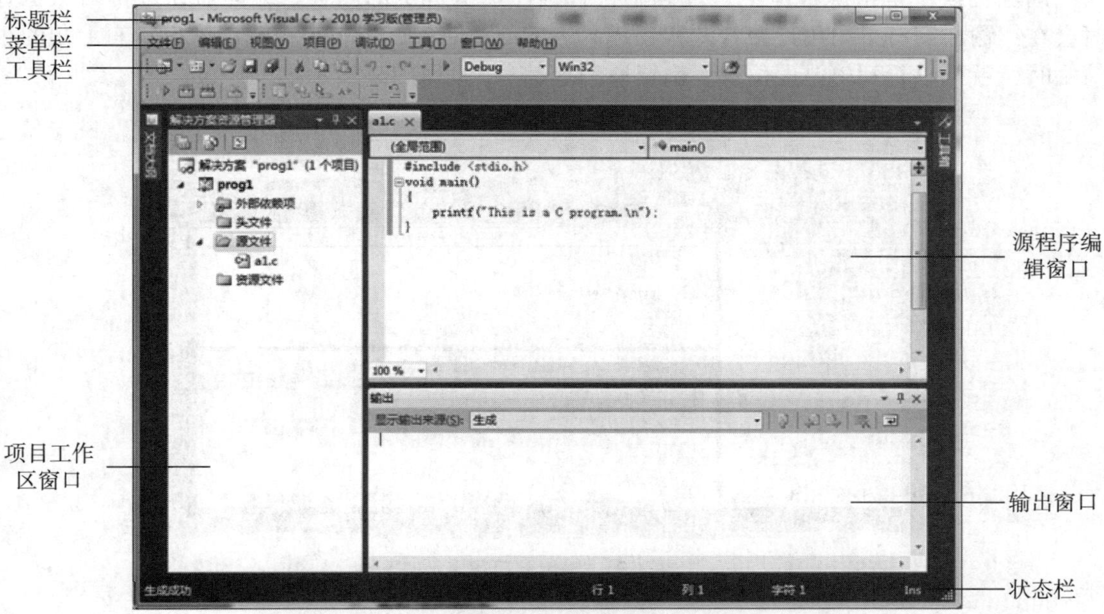

图 1.7　VC++ 2010 Express 的集成开发环境

3. 修改已有的源程序

在没有退出 VC++ 2010 运行环境的情况下，如果需要修改源程序文件，可立即进行编辑，再重新编译、连接和运行。如果已经退出集成开发环境，又想对源程序文件进行修改，则要重新启动 VC++ 2010 程序，选择“文件”菜单中的“打开”命令打开相应的项目文件，如图 1.8 所示。

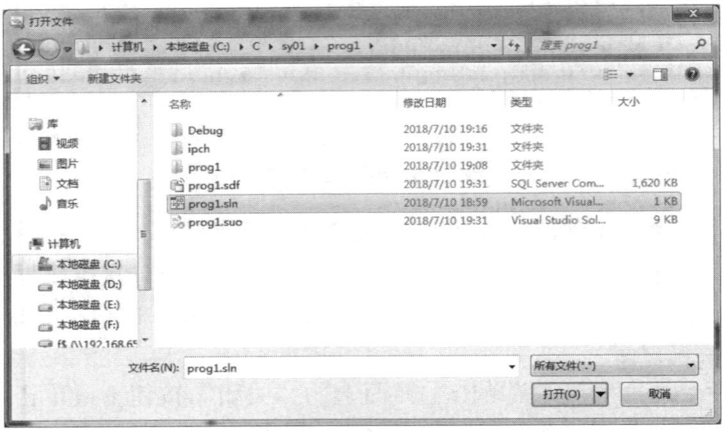

图 1.8 “打开”对话框

4. 编译、连接信息的处理

在一个 C 程序中可能出现下列两种类型的错误。

语法错误：是指源程序中有代码不符合程序语法规定的内容。编译器在进行语法检查时会在“输出窗口”向用户报告源程序代码中的语法错误，当单击“输出窗口”右上角的小箭头时，就可以看到出错误位置、出错原因等信息，如图 1.9 所示。

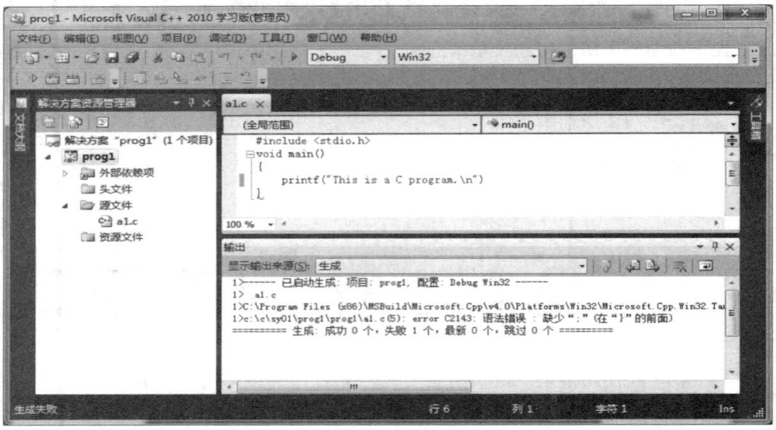

图 1.9 “输出窗口”显示

双击出错提示信息，在“源程序编辑窗口”中显示错误对应在程序段中的位置，如图 1.10 所示。

语义错误：是查源程序代码中存在的逻辑错误。编辑器并不能自动检查出代码中存在的语义错误，必须等到运行时才能测试出是不是符合预先设定的逻辑。有时也可以对照屏幕信息或最终的输出文件进行最后的检查。

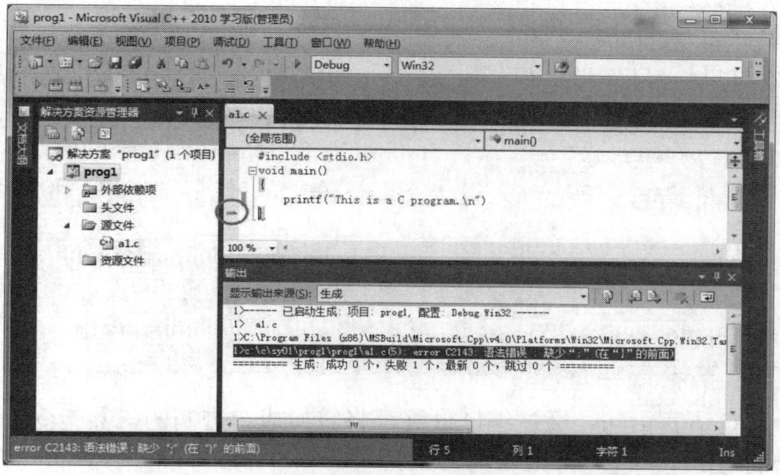

图 1.10　"输出窗口"错误显示

1.4　C 语言的简单应用实例

【例 1.2】 下列 C 语言程序的功能是在屏幕上显示一个软件封面。

```
         *
        ***
       *****
      *******

#include <stdio.h>              /* 包含标准输入输出头文件 */
void main()                     /* 主函数 */
{                               /* 下面用 4 个输出函数输出 4 个字符串 */
   printf("*\n");
   printf("***\n");
   printf("*****\n");
   printf("*******\n");
}
```

习 题 1

一、选择题

(1) 计算机能直接执行的程序是 ________。

A. 源程序　　B. 目标程序　　C. 汇编程序　　D. 可执行程序

（2）以下四个程序中，完全正确的是 ________。

A.
```
A#include <stdio.h>
main();
{/*/ programming /*/
 printf("programming!\n");}
```

B.
```
#include <stdio.h>
main()
{/* programming */
 printf("programming!\n");}
```

C.
```
#include <stdio.h>
main()
{/*/* programming */*/
 printf("programming!\n");}
```

D.
```
include <stdio.h>
main()
{/* programming */
 printf("programming!\n");}
```

（3）所写的每条 C 语言语句，经过编译最终都将转换成二进制的机器指令。关于转换则以下说法错误的是 ________。

A. 一条 C 语言语句可能会被转换成多条机器指令

B. 一条 C 语言语句对应转换成一条机器指令

C. 一条 C 语言语句可能会被转换成零条机器指令

D. 某种类型和格式的 C 语言语句被转换成机器指令的条数是固定的

（4）以下叙述中正确的是 ________。

A. C 语言程序将从源程序中第一个函数开始执行

B. 可以在程序中由用户指定任意一个函数作为主函数，程序将从此开始执行

C. C 语言规定必须用 main() 作为主函数名，程序将从此开始执行，在此结束

D. main() 可作为用户标识符，用以命名任意一个函数作为主函数

二、填空

（1）程序设计语言主要分为以下三类：机器语言、汇编语言和 ________。

（2）C 语言程序开发过程的一般步骤为：源程序的编辑、________、________和运行。

（3）C 语言程序的基本单位是 ________。

第2章 算法

2.1 算法的概念

当接收到一个问题的时候，都要找到解决问题的方法，例如，要求任意给定一个三角形的面积，那么我们首先需要找到如何求解三角形面积的方法。

什么是算法

1. 算法的定义

所谓算法是指对解题方案准确而完整的描述，是一组严谨地定义运算顺序的规则，并且每一个规则都是有效的、明确的，此顺序将在有限的次数后终止。

2. 算法的基本特征

作为一个算法，一般应具有以下几个基本特征。

可行性：针对实际问题设计的算法，人们总是希望能够得到满意的结果。但一个算法又总是在某个特定的计算工具上执行的，因此，算法在执行过程中往往要受到计算工具的限制，导致执行结果产生偏差。在设计一个算法时，必须考虑它的可行性，否则不会得到满意的结果。

确定性：算法中的每一个步骤都必须是有明确定义的，不允许有模棱两可的解释，也不允许有多义性。

有穷性：算法的有穷性是指算法必须能在有限的时间内做完，即算法必须能在执行有限个步骤之后终止。

输入输出性：输入输出性又称拥有足够的情报，即一个算法是否有效，还取决于为算法提供的输入信息是否足够。

3. 算法的控制结构

算法的控制结构是指算法中各操作之间的执行顺序。它包含顺序结构、选择（分支）结构和循环（重复）结构三种，如图 2.1 所示。

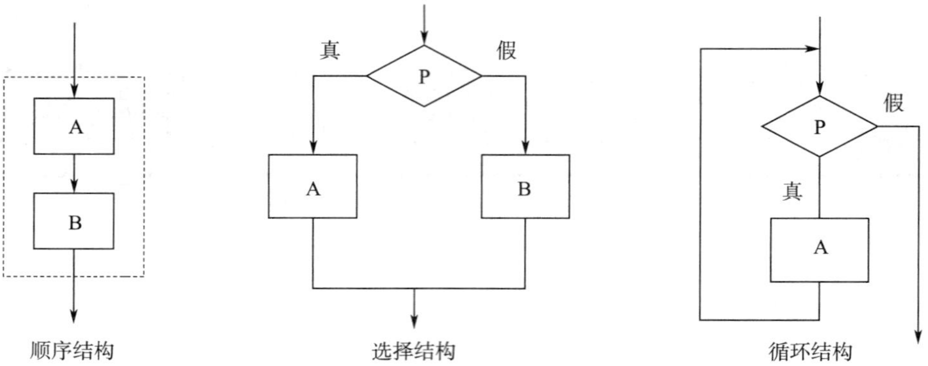

图 2.1　三种基本结构

2.2　算法的表示形式

算法描述

为了表示一个算法，可以使用不同的方法。常用的有自然语言、传统流程图、结构化流程图、伪代码、PAD 图等。

1. 自然语言

用自然语言表示算法，通俗易懂，但文字冗长，容易出现“歧义”。用自然语言描述包含分支和循环的算法，也不是很方便。因此，除了很简单的问题以外，一般不用自然语言描述算法。

例如，求 5!。

算法　s_1：设变量 s，代表被乘数，s=1；

s_2：设变量 i，代表乘数，i=2；

s_3：使 $s \times i$，乘积仍放在被乘数变量 s 中，可表示为 $s \times i \Rightarrow s$；

s_4：使 i 的值加 1，即 $i+1 \Rightarrow i$；

s_5：如果 i 不大于 5，返回重新执行步骤 s_3 以及其后的 s_4、s_5；否则，算法结束。最后得到的 s 就是 5! 的值。

2. 流程图

表 2.1 列出了国家标准 GB1526—1989 中定义的一些常用流程图符号及含义。

表 2.1　常用流程图符号

图形符号	名称	含　义
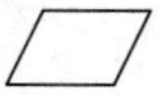	输入 / 输出框	表示输入或输出数据
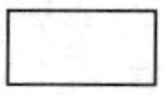	处理框	表示一个或一组操作
	判断框	表示条件判断，在其出口的流线旁应标注该出口值（通常为真或假）
	起止框	表示算法的开始或结束
	连接符	表示转向或转自流程图其他处，对应的连接符应有相同的标记
	流向线	表示算法的执行流程
	虚线	用于标示一个区域

【例 2.1】 画出求 $1\times2\times3\times\cdots\times100$ 的算法流程图。

本例的算法流程图如图 2.1 所示。

3. N–S 结构化流程图

N–S 结构化流程图，简称 N–S 图，它是去掉流程线的流程图。特点是取消了流程线，全部算法集中在一个矩形框内，这样算法只能从上到下顺序执行，避免了算法流程的任意转向，保证了程序的质量。另外，N–S 图形象直观，节省篇幅，尤其适合于结构化程序设计。

N–S 流程图常用的符号有以下几种。

顺序结构：A 和 B 两个框组成一个顺序结构，如图 2.2（a）所示。

选择结构：当 P 条件成立时执行 A 操作，P 不成立则执行 B 操作，如图 2.2（b）所示。注意图是一个整体，代表一个基本结构。

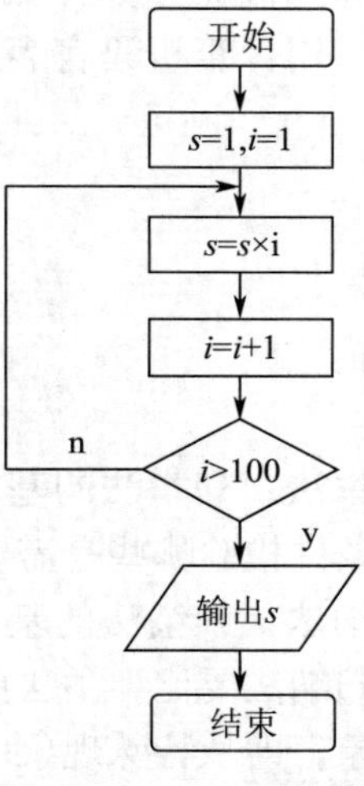

图 2.1　求 $1\times2\times\cdots\times100$ 的算法流程图

循环结构：当型循环表示当 P_1 条件成立时反复执行 A 操作，直到 P_1 条件不成立为止，如图 2.2（c）所示。直到型循环结构如图 2.2（d）所示。

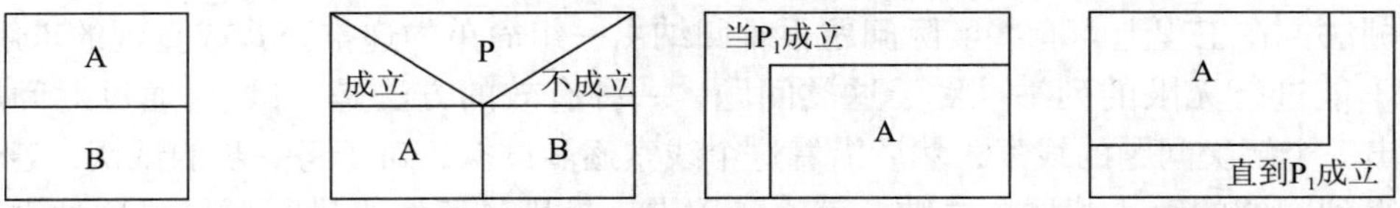

(a) 顺序结构　(b) 选择结构　(c) 当型循环　(d) 直到型循环

图 2.2　N–S 流程图

以上三种 N-S 流程图中的基本框，可以组成复杂的 N-S 流程图，以表示算法。

计算 $1\times2\times3\times\cdots\times100$ 的算法用 N-S 图表示如图 2.3 所示。

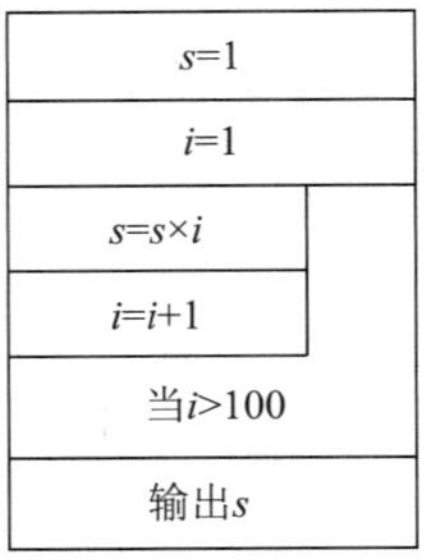

图 2.3　求 $1\times2\times\cdots\times100$ 的算法 N-S 图

4. 伪代码

用传统的流程图和 N-S 图表示算法，直观易懂，但画起来比较费事。因此，流程图适宜表示一个算法，但在设计算法过程中使用得不是很理想。为了设计算法时方便，常用一种称为伪代码（pseudo code）的工具。

伪代码是用介于自然语言和计算机语言之间的文字和符号来描述算法的一种方式。

5. 用计算机语言表示算法

要完成一件工作，包括设计算法和实现算法两个部分。设计算法的目的是为了实现算法。因此，不仅要考虑如何设计一个算法，也要考虑如何实现一个算法。编程的任务是用计算机解题，也就是要用计算机实现算法。计算机是无法识别流程图和伪代码的。只有用计算机语言编写的程序才能被计算机执行（当然还要经过编译，形成目标程序才能被计算机识别和执行）。因此，在用流程图或伪代码描述出一个算法后，还要将它转换成计算机语言程序。用计算机语言表示算法必须严格遵循所用语言的语法规则，这是和伪代码不同的地方。

2.3　常见的几种算法

列举法：列举法的基本思想是根据提出的问题，列举出所有可能的情况，并用问题中给定的条件检验哪些是需要的，哪些是不需要的。

归纳法：归纳法的基本思想是通过列举少量的特殊情况，经过分析，最后找出一般的关系。归纳法要比列举法更能反映问题的本质，并且可以解决列举量为无限的问题。归纳是一种抽象，即从特殊现象中找出一般关系。

递推法：所谓递推是指从已知的初始条件出发，逐次推出所要求的中间结果和最后结果。其中初始条件或是问题本身已经给定，或是通过问题的分析与化简而确定。

递归法：在工程实际中，有许多问题是用递归来定义的，数学中的许多函数也是用递归来定义的。递归分为直接递归与间接递归两种。

回溯法：在工程上，有些实际问题很难归纳出一组简单的递推公式或直观的求解步骤，并且也不能进行无限的列举。对于这类问题，一种有效的方法是“试”。通过对问题的分析，找出一个解决问题的线索，然后沿着这个线索逐步试探，对于每一步的试探，若试探成功，就得到问题的解，若试探失败，就逐步回退，换别的路线再进行试探，这种方法称为回溯法。

2.4 简单算法示例

【例 2.2】 求 $s=1\times2\times3\times\cdots\times100$ 的算法。

计算方法一：依次地取数 1、2⋯100 乘到 s 中，使用循环“s=s×i”可以求出 100 的阶乘。

计算方法二：表达式可以写成 $s=100\times99\times\cdots\times3\times2\times1$，即 $s=100\times(99\times\cdots\times3\times2\times1)$，即 $s=100\times99!$，$99!=99\times98!$……以此类推，$2!=2\times1=2$，这样依次把结果往回带，应用递归算法就可以求出 100 的阶乘。

习题 2

一、选择题

（1）在计算机中，算法是指________。

A. 加工方法　　B. 查询方法

C. 排序方法　　D. 解题方案准确而完整的描述

（2）在下列选项中，哪个不是一个算法一般应该具有的基本特征________。

A. 确定性　　B. 可行性

C. 无穷性　　D. 输入输出性

（3）算法分析的目的是________。

A. 找出数据结构的合理性　　B. 找出算法中输入和输出之间的关系

C. 分析算法的易懂性和可靠性　　D. 分析算法的效率以求改进

（4）下面叙述正确的是________。

A. 算法的执行效率与数据的存储结构无关

B. 算法的空间复杂度是指算法程序中指令（或语句）的条数

C. 算法的有穷性是指算法必须能在执行有限个步骤之后终止

D. 以上三种描述都不对

（5）算法的有穷性是指________。

A. 算法程序的运行时间是有限的　　B. 算法程序所处理的数据量是有限的

C. 算法程序的长度是有限的　　D. 算法只能被有限的用户使用

（6）算法的时间复杂度是指________。

A. 算法的执行时间

B. 算法所处理的数据量

C. 算法执行过程中所需要的基本运算次数

D. 算法程序中的语句或指令条数

（7）算法的空间复杂度是指________。
A. 算法程序中的语句或指令条数
B. 算法在执行过程中所需要的计算机存储空间
C. 算法所处理的数据量
D. 算法在执行过程中所需要的临时工作单元数

（8）算法的时间复杂度取决于________。
A. 问题的规模
B. 待处理的数据的初态
C. 问题的难度
D. A 和 B

（9）下列叙述中，不符合良好程序设计风格要求的是________。
A. 程序的效率第一、清晰第二
B. 程序的可读性好
C. 程序中要有必要的注释
D. 输入数据前要有提示信息

（10）结构化程序设计的三种基本结构是________。
A. 顺序结构、选择结构、转移结构
B. 分支结构、等价结构、循环结构
C. 顺序结构、选择结构、循环结构
D. 多分支结构、赋值结构、等价结构

（11）下面描述中，符合结构化程序设计风格的是________。
A. 使用顺序、选择和重复（循环）三种基本控制结构表示程序的控制逻辑
B. 模块只有一个入口，可以有多个出口
C. 注重提高程序的执行效率
D. 不使用 goto 语句

二、填空题

（1）算法的基本特征是可行性、确定性、____________和____________。

（2）算法的工作量大小和实现算法所需的存储单元多少分别称为算法的_______和_______。

（3）源程序文档化要求程序应加注释。注释一般分为序言性注释和____________。

（4）结构化程序设计的三种基本结构为顺序结构、选择结构和____________。

（5）结构化程序设计方法的主要原则可以概括为自顶向下、逐步求精、____________和限制使用 goto 语句。

（6）在程序设计阶段应该采取____________和逐步求精的方法，把一个模块的功能逐步分解，细化为一系列具体的步骤，进而用某种程序设计语言写成程序。

（7）程序设计模块化的目的是____________。

（8）可以把具有相同属性的一些不同对象归类，称为____________。

第3章 顺序结构程序设计

3.1 顺序结构程序的引入

3.1.1 问题的引入

【引例】 在英国，汽车的速度表的单位大多以每小时多少英里表示，现在要求把它转换为每小时多少千米。(如每小时60英里)

解题思路：这个问题的关键在于找出两者之间的转换关系。根据已经学习的知识,可知，

$$Y=1.60X$$

其中，Y表示千米制的时速，X表示英里制的时速。

所以，这是一个简单的顺序结构，可以由如下程序表示。

```
#include<stdio.h>
int main()
{
    float X,Y;                          //定义X,Y为浮点型变量
    X=60.0;                             //指定X的值
    Y=X*1.60;                           //利用公式计算出Y的值
    printf("Y=%f",Y);                   //输出Y的值
    return 0;
}
```

3.1.2 顺序结构的基本概念

顺序结构是三大基本结构中最简单的一种，所谓顺序结构，就是按照语句编写的顺序依次执行。

3.1.3 顺序结构流程图

顺序结构是最简单的一种逻辑结构，程序从第一条语句开始按照书写顺序依次执行直到程序结束。一般情况下，一个程序由输入数据、数据处理和输出结果 3 部分组成。典型的顺序结构流程图如图 3.1 所示。

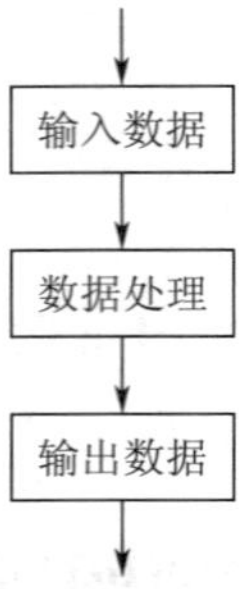

图 3.1 顺序结构流程图

本章主要介绍实现数据输入、计算和输出的基本语句，并编写简单的顺序结构程序。

3.1.4 顺序结构举例

在 C 语言程序中，这类结构主要使用的是赋值语句、数据的输入输出等函数语句。

【例 3.1】 从键盘输入两个整数 a 与 b，将它们交换后输出。

（1）算法分析

此程序与把两个杯子中的饮料互换这样一个实际问题在本质上是一致的。在实际操作过程中，不可能直接将一个杯子中的饮料倒入另一个杯子。所以，需要借助第三个空杯。将第一杯饮料倒入空杯中，再将第二杯饮料倒入第一个杯子，最后将原本空杯中的饮料倒入第二个杯子。

（2）程序设计

```
#include <stdio.h>                          //标准库函数声明
void main()
{
    int a,b,temp;                           //定义 3 个整型变量
    printf("请输入两个数：");               //输入提示
    scanf("%d%d",&a,&b);                    //格式化输入函数
    printf("交换前：a=%d,b=%d\n",a,b);      //输出交换前的两个数
    temp=a;
```

```
    a=b;
    b=temp;                                    //此前3句为两数交换语句
    printf("交换后：a=%d,b=%d\n",a,b);          //输出交换后的两个数
}
```

（3）程序运行

程序运行结果如下。

```
请输入两个数：5 8
交换前：a=5,b=8
交换后：a=8,b=5
```

本例中程序的所有语句按编写的先后顺序依次执行，这就是典型的顺序结构，其执行步骤是从上向下依次执行的，没有任何转向操作。

3.2　数据的表示形式

3.2.1　常量和变量

在 C 语言中，数据主要有两种表现形式：常量和变量。

1. 常量

在程序运行的过程中，其值不能被改变的量称为常量，如 100、0.25。

常量主要有以下几个类型。

（1）整型常量

如 1000、58、0 等都是整型常量。

（2）实型常量

主要有以下两种形式。

① 十进制小数形式，由数字和小数点组成，如 1.26 等。

② 指数形式。如 1.2E10（代表 1.2×10^{10}）等。由于在计算机中输入或输出是无法表示上角或下角的，所以规定字母 E 或者 e 代表以 10 为底的指数。注意，E 或者 e 之前必须有数字，且 E 或者 e 后面一定为整数。

（3）字符常量

有以下两种形式的字符常量。

① 普通字符，用单引号括起来的一个字符，如 'a'，'Z'，'3'，'#'。不能写成 'ab' 或 '12'。注意，单引号只是界限符，字符常量只能是一个字符，不包括单引号。'a' 和 'A' 是不同的字符常量。字符常量存储在计算机存储单元中时，并不存储字符本身，而是以代码（一般采用 ASCII 代码）存储的。如 'a' 的 ASCII 代码是 97，以二进制的形式存放。

② 转义字符。C 语言还允许使用一种特殊形式的字符常量，就是以“\”开头的字符

序列。如 '\n' 表示换行符。常用的转义字符见表 3.3。

（4）字符串常量

如“45678”等，用双引号把若干个字符括起来，字符串常量是双引号中的全部字符（不包括双引号本身）。

区别：单引号内只能包含一个字符，双引号内可以包含一个字符串。

（5）符号常量

使用 #define 指令，指定用一个符号名称代表一个常量。

```
如：#define  P  5
```

注意： 行末没有分号。经过以上的指定后，程序中从此行开始，所有的 P 都代表 5。在对程序进行编译前，预处理器先对 P 进行处理，把所有 P 全部置换为 5。这种用一个符号名代表一个常量的，称为符号常量。在预编译后，符号常量已全部变成字面常量。

使用符号常量有以下好处。

①含义清楚。看程序时从 P 就可大致知道它代表 5。在定义符号常量名时应该遵循“见名知义”的原则。在一个规范的程序中不提倡使用很多的常数，如“sum=15* 30*23.5* 43”，在检查程序时搞不清各个常数究竟代表什么。因此应尽量使用“见名知义”的变量名和符号常量。

②在需要改变程序中多处用到的同一个常量时，要做到“一改全改”。例如，将某数据用一个常数 30 表示，则在数据调整为 40 时，就需要在程序中作多处修改，若用符号常量 P 代表，只需改动一处即可。即

```
#define  P  40
```

注意： 要区分符号常量和变量，不要把符号常量误认为变量。符号常量不占内存，只是一个临时符号，代表一个值，在预编译后这个符号就不存在了，故不能对符号常量赋新的值。

2. 变量

变量代表一个有名字的、具有特定属性的存储单元。它用来存放数据，也用来存放变量的值。在程序运行期间，变量的值是可以改变的。

变量必须先定义后使用。在定义时指定该变量的名字和类型。一个变量应该只有一个名字，以便被引用。变量名实际上是以一个名字代表一个存储地址。在对程序编译连接时由编译系统给每一个变量名分配对应的内存地址。从变量中取值，实际上是通过变量名找到相应的内存地址，从该存储单元中读取数据。

3. 标识符

（1）标识符的概念

由用户根据需要定义的符号称为用户标识符，又称自定义标识符。用户标识符一般用来标识变量名、符号常量名、自定义函数名、数组名、自定义类型名、文件名的有效字符序列，它们是由一系列字母和数字组成的自定义名称。

（2）标识符的命名规则

① 标识符以字母或下划线开头，只能由字母、数字或下划线组成的字符序列（C99 中

有更宽泛的规定）。

② 标识符的长度因系统而异，C89 允许的最长标识符长度为 31 个有效字符，C99 中增加到 63 个有效字符。

③不能将关键字作为标识符。

（3）标识符的分类

C 语言中，标识符可分为三类，即关键字、预定义标识符和用户自定义标识符。

关键字是编程语言预定义的具有专门用途的一些名字，不允许作为用户程序的标识符使用，所以关键字又称保留字。

① 数据类型关键字（12 个）：char、int、long、float、double、short、signed unsigned、struct、enum、union、void。

② 控制语句关键字（12 个）：if、else、switch、case、default、do、while、for、break、continue、goto、return。

③ 存储类型关键字（4 个）：auto、extern、static、register。

④ 其他关键字（4 个）：const、typedef、sizeof、volatile。

预定义标识符是指 C 语言提供的库函数名和预编译处理命令等，如 printf、scanf、include、define 等。为了编程方便、可靠，防止误解，建议用户避免将这些标识符另作他用。

用户自定义标识符是用户在编程时，要给一些变量、函数、数组、文件等命名，将这类由用户根据需要自己定义的标识符称为用户自定义标识符，如 a、c1、c_2、max、_score 均为用户自定义标识符。

3.2.2 数据类型

C 语言中的数据类型非常丰富，如图 3.2 所示。丰富的数据类型使得 C 语言具有很强的数据处理功能。

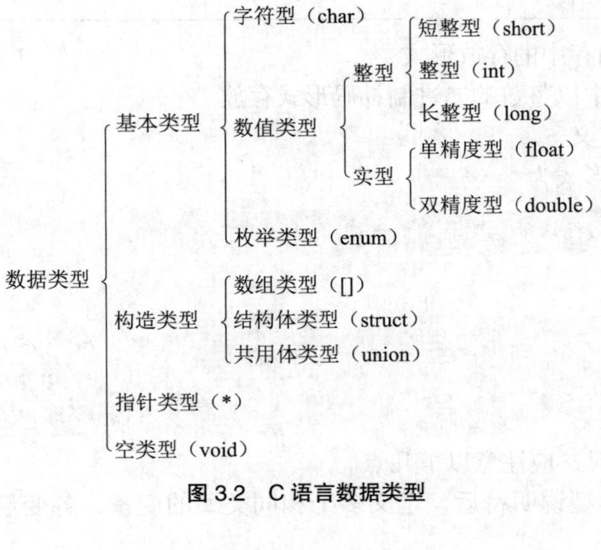

图 3.2　C 语言数据类型

C 语言有四种基本数据类型，即整型、实型、字符型、空值。

1. 整型数据

（1）整型常量

在 C 语言中，整型常量有十进制、八进制和十六进制三种表示形式。

（2）整型变量

整型类型的数据简称整型数据，整型数据是没有小数部分的数据。

1）整型变量的分类

整型数据分为一般整型（int）、短整型（short int 或 short）、长整型（long int 或 long）和无符号整型（unsigned）四种。

C 语言标准没有具体规定以上各类数据所占内存的字节数，某种数据类型所占内存的字节数随计算机系统不同而有差异。在 VC ++ 环境和 TC 环境下，整型数据的字节数及取值范围如表 3.1 所示。

表 3.1　VC ++ 与 TC 中整型数据的字节数及取值范围

关键字	VC ++ 环境		Turbo C 环境	
	字节数	取值范围	字节数	取值范围
short [int]	2	−32 768 ～ +32 767	2	−32 768 ～ +32 767
unsigned short	2	0 ～ 65 535	2	0 ～ 65 535
int	4	−2 147 483 648 ～ +2 1474 83 647	2	−32 768 ～ +32 767
unsigned [int]	4	0 ～ 4 294 967 295	2	0 ～ 65 535
long [int]	4	−2 147 483 648 ～ +2 147 483 647	4	−2 147 483 648 ～ +2 147 483 647
unsigned long	4	0 ～ 4 294 967 295	4	0 ～ 4 294 967 295

2）整型数据在内存中的存放形式

整数在存储单元中以整数的二进制补码形式存放。

3）整型变量的定义

变量定义的一般形式为

```
类型说明符  变量名标识符，变量名标识符，...;
```

例如，

```
int a,b,c;                                   // a,b,c 为整型变量
long x,y;                                    // x,y 为长整型变量
unsigned p,q;                                // p,q 为无符号整型变量
```

在书写变量定义时，应注意以下几点。

① 允许在一个类型说明符后，定义多个相同类型的变量，各变量名之间用逗号间隔，

类型说明符与变量名之间至少用一个空格间隔。

② 最后一个变量名之后必须以“；”号结尾。

③ 变量定义必须放在变量使用之前，一般放在函数体的开头部分。

2. 实型数据

实型数据，在 C 语言中又称为浮点数，实型可分为单精度型和双精度型两种，其中，单精度型用 float 表示，双精度型用 double 表示。

（1）实型常量

在 C 语言中，实型常量也称为浮点型常量，只能用十进制表示。它有两种形式，即小数形式和指数形式。

① 小数形式。由数字 0 ~ 9 和小数点组成。

例如，4.6、–1.23、3.14159、0.03、23.35 等均为合法的实数，与数学中的写法几乎一样。

注意：小数形式实型常量必须有小数点。

② 指数形式。由尾数加上阶码标志 e 或 E 及阶码组成，其一般形式为“xEn”，其中，x 为尾数（十进制数），n 为阶码（十进制整数），其值为 $x \times 10^n$。

例如，3.456E5 表示 3.456×10^5，前者是 C 语言表示形式，后者是数学形式。

用指数形式表示实型数据时，在 C 语言中有以下语法规定。

字母 e 或 E 之前必须要有数字；

字母 e 或 E 之后的指数必须为整数；

在字母 e 或 E 的前后及数字之间不能插入空格。

合法的指数形式：2.14e5（2.14×10^5）、1E4（1×10^4）、–6e–3（-6×10^{-3}）。

不合法的指数形式：E5（E 前无数字）、1.6E（无阶码）、2.3–E4（负号位置不对）。

（2）实型变量

1）实型数据在内存中的存放形式

实型数据一般占 4 个字节（32 位）内存空间，按指数形式存储。例如，实数 314.159 在内存中的存放形式如图 3.3 所示。

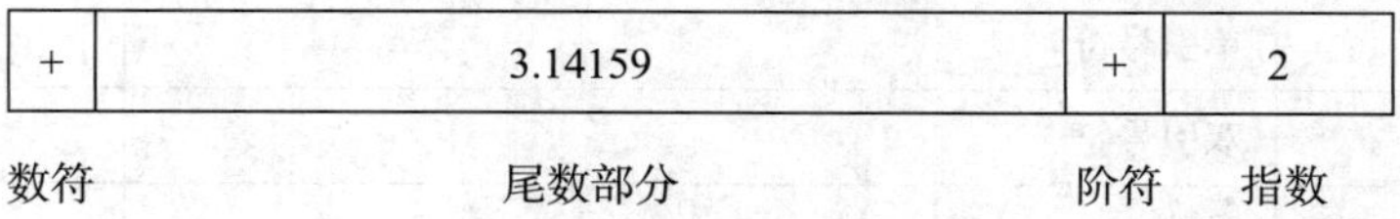

图 3.3　实数在计算机中的表示

尾数部分的小数位数越多，数的有效数字越多，精度越高。数符和小数部分一般占 24 位，指数部分占的位数越多，则能表示的数值范围越大。阶符和指数部分一般占 8 位。

2）实型变量的分类

实型变量分为单精度（float 型）、双精度（double 型）和长双精度（long double 型）三类。实型变量的存储长度、取值范围和精度如表 3.2 所示。

表 3.2　实型数据的字节数及取值范围

关键字	字节数	取值范围	精度（有效位）
float	4	3.4E−38 ~ 3.4E+38	6 ~ 7
double	8	1.7E−308 ~ 1.7E+308	15 ~ 16
long double	10	3.4E−4932 ~ 1.1E+4932	18 ~ 19

3. 字符型数据

字符类型的数据简称字符数据，用 char 表示，占一个字节（八个二进制位）内存。

（1）字符常量

用单引号括起来的单个字符称为字符常量。字符常量在计算机内是采用该字符的 ASCII 编码值表示的，其数据类型为 char 型。例如，'a'、'A'、'4'、'='、'@' 等都是合法的字符常量。注意 'a' 和 'A' 是不同的字符常量，其 ASCII 码的值不同。

（2）转义字符

在 C 语言中，有一类特殊的字符，称为转义字符。转义字符以反斜线 "\" 开头，后跟一个或几个字符。转义字符具有特定的含义，表示 ASCII 码字符集中不可打印的控制字符和特定功能的字符。常用的转义字符如表 3.3 所示。

表 3.3　转义字符

转义字符	转义字符的意义	ASCII 代码
\n	换行	10
\t	横向跳到下一制表位置	9
\b	退格	8
\r	回车	13
\f	走纸换页	12
\\	反斜线符 "\"	92
\'	单引号符	39
\"	双引号符	34
\a	响铃	7
\0	字符串结束符	0
\ddd	ddd 为八进制形式的 ASCII 值	
\xhh	hh 位为十六进制形式的 ASCII 值	

【例 3.2】 阅读分析转义字符的输出。

```
#include <stdio.h>
void main()
```

```
{
    printf("a bb \101 \x42\n");                //转义字符：\101、\x42、\n
    printf("  1\t2 b\ra\n");                   //转义字符：\t、\r、\n
}
```

程序运行结果。

```
a bb A B
a 1     2 b
```

思考：为什么第二行第一个字符为“a”？

（3）字符变量

字符变量用来存储字符常量（存储单个字符）。字符变量的类型说明符是 char，占 1 个字节内存单元。字符变量类型定义的格式和书写规则都与整型变量类似。

例如，

```
char ch1,ch2;                                  //定义两个字符变量
ch1='a';ch2='b';                               //给字符变量赋值
```

（4）字符数据在内存中的存储形式及使用方法

每个字符变量被分配一个字节的内存空间，因此只能存放一个字符。字符值是以 ASCII 码的形式存放在变量的内存单元之中的。

【例 3.3】 阅读分析字符变量的字符形式和整数形式输出。

```
//用字符形式和整数形式输出字符变量
#include <stdio.h>
void main()
{
    char ch1,ch2;
    ch1=120;
    ch2=121;
    printf("ch1=%c,ch2=%c\n",ch1,ch2);
    printf("ch1=%d,ch2=%d\n",ch1,ch2);
}
```

程序运行结果。

```
ch1=x,ch2=y
ch1=120,ch2=121
```

4. 字符串常量

（1）字符串常量

字符串常量是由一对双引号括起的若干字符序列。字符串中所含字符的个数称为串长度。长度为 0 的字符串称为空字符串（简称空串），表示为 ""（一对紧连的双引号）。

例如，"CHINA"、"C program" 和 "$12.5" 等都是合法的字符串常量，其长度分别为 5、9 和 5（空格也是一个字符）。

如果反斜杠和双引号作为字符串中的有效字符，则必须使用转义字符。

例如，

```
He says:"you are welcome!"
```

应表示为

```
He says:\"you are welcome!\"
```

（2）字符串的存储

字符常量占一个字节的内存空间，而字符串常量占的内存字节数等于字符串中字符总字节数加 1。增加的一个字节中存放字符 '\0'（ASCII 码为 0，字符串结束标志）。

C 语言规定在存储字符串常量时，由系统在字符串的末尾自动加一个 '\0' 作为字符串结束的标志。

注意：在源程序中书写字符串常量时，不必加结束字符 '\0'，系统会自动加上。

例如，

字符串 "program" 在内存中实际存储为

p	r	o	g	r	a	m	\0

最后一个字符 '\0' 是系统自动加上的。

（3）字符常量和字符串常量比较

字符常量 'a' 和字符串常量 "a" 虽然都只有一个字符，但在内存中的情况是不同的。

'a' 在内存中占一个字节，可表示为

a

"a" 在内存中占两个字节，可表示为

a	\0

由此可见，字符串常量和字符常量是不同的量。它们之间主要有以下区别。

① 定界符不同：字符常量使用单引号；字符串常量使用双引号。

② 长度不同：字符常量只能是单个字符，长度为 1；字符串常量可以含一个或多个字符，长度可以是零个，也可以是某个整数。

③ 存储要求不同：字符常量存储的是字符的 ASCII 码值；字符串常量除了要存储有效的字符外，还要存储一个结束标志 '\0'。

5. 符号常量

在 C 语言中可以用标识符表示一个直接常量，称为符号常量。符号常量一般使用大写英文字母表示，以区别于一般用小写字母表示的变量。

符号常量在使用之前必须先定义，其一般形式为

```
#define 标识符 常量
```

例如，

```
#define PI 3.14159
#define TRUE 1
#define FALSE 0
#define STAR '*'
```

6. 空值

C 语言有一种值集为空的类型，称为空值型，用 void 表示。void 类型用于描述函数没有返回值、函数没有参数及无类型指针。

3.2.3　运算符与表达式

由常量、变量等数据和运算符连接而成的式子称为表达式。C 语言的运算符，如表 3.4 所示。

表 3.4　C 语言运算符

名　称	功　能	符　号
算术运算符	用于各类数值运算	+ − * / % ++ −−
关系运算符	用于比较运算	> < == >= <= !=
逻辑运算符	用于逻辑运算	&& || !
赋值运算符	用于赋值运算	= += −= *= /= %= <<= >>= &= ^= |=
条件运算符	三目运算符	?:
位操作运算符	按二进制位进行运算	& | ~ ^ << >>
逗号运算符	自左向右计算每个表达式	,
求字节数运算符	计算所占内存字节数	sizeof
指针运算符	取值与取址运算	* &
特殊运算符	用于强制转换，数组引用，结构体指针变量的成员引用等	() [] . ->

1. 算术运算符和表达式

（1）基本算术运算符

基本算术运算符包括 -（负号）、+（正号）、+（加）、-（减）、×（乘）、/（除）、%（取余），其中取余运算符要求两个操作数均为整数。

（2）自增（减）运算符

自增运算是将单个变量的值增 1，自减运算是将单个变量的值减 1。自增 1 和自减 1 运算符均为单目运算，都具有右结合性。

自增、自减运算有两种用法。

①前置运算。前置运算是指运算符放在变量之前，如 ++ 变量，-- 变量，常用“++i，--j”。它先使变量的值增（或减）1，然后再以变化后的值参与其他运算，即先自增（或先自减）后运算。

②后置运算。后置运算是指运算符放在变量之后，如变量 ++，变量 --，常用“i++，j--”。它使变量先参与其他运算，然后再使变量的值增（或减）1，即先运算后自增（或自减）。

【例 3.4】 阅读分析自增、自减运算。

```
#include <stdio.h>
void main()
{
    int x=5,y;
    printf("x=%d\n",x);              // 输出 x 的初值 5
    y=++x;                           // 前置运算，x 先自增 1(=6)，再将 6 赋值给 y
    printf("x=%d,y=%d\n",x,y);
    y=x--;                           // 后置运算，先将 x 当前值 6 赋值给 y,x 再自减 1
    printf("x=%d,y=%d\n",x,y);
}
```

程序运行结果。

```
x=5
x=6,y=6
x=5,y=6
```

（3）算术表达式和运算符的优先级与结合性

1）算术表达式

算术表达式是用算术运算符和括号将运算对象（也称操作数）连接起来的、符合 C 语言语法规则的式子。

2）算术运算符的优先级与结合性

计算机语言中的运算符与数学中的运算符类似，都有优先级和结合方向。C 语言的算术运算符的优先级由高到低顺序如表 3.5 所示。

表 3.5 算术运算符的优先级

运算符	说 明	优先级
( )	圆括号	高
–、++、––	单目运算符，取负、自加、自减	↓
*、/、%	双目运算符，乘、除、取余	↓
+、–	双目运算符，加、减	低

注意：当优先级相同的运算符同时出现在表达式中时，算术运算符的结合方向为“自左向右”，即从左向右依次计算。如 9–3+4 的运算顺序为先计算 9–3 结果为 6，再计算 6+4 结果为 10。

2. 关系运算符和表达式

（1）关系运算符及优先级

C 语言提供六种关系运算符：<（小于）、<=（小于等于）、>（大于）、>=（大于等于）、= =（等于）、!=（不等于）

优先次序为前四种关系运算符（<，<=，>，>=）的优先级别相同，后两种（==,!=）也相同。前四种运算符的优先级高于后两种。关系运算符的优先级低于算术运算符，高于赋值运算符。

例如，

```
c>a-b 等价于 c>(a-b)
a>b==c 等价于 (a>b)==c
a==b<c 等价于 a==(b<c)
```

（2）关系表达式

关系运算符的操作数类型可以是字符型、整型、实型、枚举类型及指针类型。用关系运算符将操作数连接起来的式子，称为关系表达式。

关系表达式的格式为

```
<表达式><关系运算符><表达式>
```

其中，<表达式>可以是算术表达式、关系表达式、逻辑表达式、赋值表达式、字符表达式等。

3. 逻辑运算符和表达式

逻辑运算符实现逻辑运算，用于复杂条件的表示。

（1）逻辑运算符及其优先次序

C 语言提供三种逻辑运算符，如表 3.6 所示。

表 3.6 逻辑运算符

逻辑运算符	名称	使用规则	逻辑表达式	表达式的值
!	逻辑非	单目运算符	!a	与 a 的真假相反
&&	逻辑与	双目运算符	a&&b	a 和 b 有假结果为假
||	逻辑或	双目运算符	a||b	a 和 b 有真结果为真

逻辑运算符的优先级如下。

!（逻辑非）→算术运算符→关系运算符→ &&（逻辑与）→ ||（逻辑或）→赋值运算符

高————————————————————————→低

逻辑非“!”运算符的结合方向为“从右到左”,而“&&”和“||”结合方向则是“从左到右”。

注意：逻辑运算中的短路现象，逻辑与运算时，前一表达式为假时，后一表达式不运算；逻辑或运算时，前一表达式为真时，后一表达式不运算。

（2）逻辑表达式

用逻辑运算符将一个或多个表达式连接起来，进行逻辑运算的式子就是逻辑表达式。在C语言中，用逻辑表达式表示多个条件的组合。

例如，(year%4==0)&&(year%100!=0)||(year%400==0) 就是判断一个年份是否为闰年的逻辑表达式。

逻辑运算的值也为“真”和“假”两种,分别用“1”和“0”来表示。其求值规则如下。

① 与运算“&&”：参与运算的两个量都为真时，结果才为真，否则为假。

② 或运算“||”：参与运算的两个量只要有一个为真时，结果就为真。两个量都为假时，结果才为假。

③ 非运算“!”：参与运算量为真时，结果为假；参与运算量为假时，结果为真。

4. 赋值运算符和表达式

1. 简单赋值运算符

赋值符号“=”就是赋值运算符，它的作用是将一个表达式的值赋给一个变量。

赋值运算符的一般形式为

```
变量 = 表达式
```

例如，

```
int a=3;                          // 将 3 赋值给变量 a
int b,c;
b=a*2;                            // 将表达式 a*2 的值 (6) 赋给变量 b
c=a*a+b*b;                        // 将表达式 a*a+b*b 的值 (45) 赋给变量 c
```

赋值运算的执行过程为先计算赋值符号右端表达式的值，然后将运算结果赋值给左端变量。

赋值运算符的优先级低于算术运算符，其结合性为右结合。

注意：被赋值的变量必须是单个变量，且必须在赋值运算符的左边。

【例 3.5】 阅读分析不同类型数据赋值。

```
#include <stdio.h>
void main()
{
    int a,b=322,m;
    float x,y=8.88;
    char c1='K',c2;
    a=y;                  // 实型数据 8.88 赋给整型变量 a，只取整数部分 8
    x=b;                  // 整型数据 322 赋给实型变量 x，以浮点数存放，小数部分为 0
    m=c1;                 // 字符型数据赋给整型变量，低 8 位存放字符 ASCII 码，高 8 位为 0
    c2=b;                 // 大于 255 的整型数据赋给字符变量，只取 322 的低 8 位赋值
    printf("%d,%f,%d,%c",a,x,m,c2);
}
```

输出结果为

```
8,322.000000,75,B
```

（2）复合赋值运算符

复合赋值运算是 C 语言特有的一种运算，复合赋值运算符是在赋值运算符“=”之前加上其他双目运算符构成的。

复合赋值运算的一般格式为

```
变量 双目运算符 = 表达式
```

它等价于变量 =（变量 双目运算符 表达式）。当表达式为简单表达式时，表达式外的一对圆括号才可以省略，否则可能出错。

例如，

```
x+=3                                  // 等价于 x= x+3
y*=x+3                                // 等价于 y=y*(x+3)，而不是 y=y*x+3
```

C 语言规定的十种复合赋值运算符为

```
+=,-=,*=,/=,%=                        // 复合算术运算符（5 个）
^=,~=,|=,<<=,>>=                      // 复合位运算符（5 个）
```

（3）赋值表达式

由赋值运算符或复合赋值运算符将一个变量和一个表达式连接起来的式子，称为赋值表达式。

赋值表达式的一般形式为

```
变量 = 表达式
```

或

```
变量（复合赋值运算符）表达式
```

例如，

```
a=b=c=5                    // 因为赋值运算符的右结合性，其等价于 a=(b=(c=5)))
                           // 赋值表达式值为 5,a,b,c 的值均为 5
a=5+(c=6)                  // 表达式值为 11,a 值为 11,c 值为 6
a=(b=10)/(c=2)             // 表达式值为 5,a 等于 5,b 等于 10,c 等于 2
```

赋值表达式也可以包含复合赋值运算符。

5. 条件运算符和表达式

条件运算符“?：”是C语言中唯一的三目运算符。

条件表达式的一般形式为

```
表达式 1? 表达式 2: 表达式 3
```

例如，

```
max=(a>b)? a : b;
```

其中“(a>b)? a : b”是一个“条件表达式”，执行过程为如果（a>b）条件为真，则条件表达式取值 *a*。否则取值 *b*。

条件运算符的优先级高于赋值运算符，低于算术运算符和关系运算符。条件运算符的结合方向为“自右至左”。

6. 逗号运算符和表达式

（1）逗号运算符

在C语言中逗号“,”也是一种运算符，称为逗号运算符，又称“顺序求值运算符”。其功能是把两个表达式连接起来组成一个表达式，称为逗号表达式，该表达式的值是右侧表达式的计算结果。

逗号表达式的一般格式为

```
<表达式 1, 表达式 2>[,……, 表达式 n]
```

（2）逗号运算符的求值过程

按从左到右的顺序依次求出各个表达式的值，并把最后一个表达式 *n* 的值作为整个逗号表达式的值。

（3）逗号运算符的优先级与结合性

逗号运算符的结合性是自左向右，其优先级在所有运算符中是最低的。

【例 3.6】 求出表达式中变量的值

```
x=3+2,x*3,x+6;             // 逗号表达式，x=5，表达式的值为 11
x=(a=3,a*3,a-6);           // 赋值表达式，a=3，表达式的值为 9,x=9
x=(a=3,3*3);               // 赋值表达式，a=3，表达式的值为 9,x=9
```

```
x=a=3,3*3;              //逗号表达式，表达式的值为 9,x=3,a=3
int a=3,b=4,x,y;
x=a+b,y=b*2+x,x+y;      //逗号表达式，表达式的值为 22,x=7,y=15
```

7. 求字节运算符

C 语言的 sizeof 是一个单目运算符，sizeof 运算符的作用是用于测试数据类型所占的字节数。其一般格式为

```
格式 1：sizeof(变量)   或  sizeof 变量
格式 2：sizeof(常量)   或  sizeof 常量
格式 3：sizeof(表达式) 或  sizeof 表达式
格式 4：sizeof(数据类型关键字)
```

例如，

```
short int a=234,x,y,z,m;
x=sizeof(a);            //将变量 a 所分配的内存字节数 2 赋给 x
y=sizeof(int);          //在 VC 环境中 y=4，而在 TC 环境中 y=2
z=sizeof(double);       //把 double 所需的字节长度 8 赋给 z
m=sizeof("abcd");       //把字符串所占内存空间 5 赋给 m，字符串结束标志也占用 1 个字节
```

3.3　数据的输入

C 语言本身没有提供输入输出语句，所有的数据输入输出功能都是由 C 语言提供的库函数来实现，如 getchar()（输入字符）、putchar()（输出字符）、scanf()（格式化输入）、printf()（格式化输出），其中 scanf() 和 printf() 函数是针对标准输入输出设备（键盘和显示器）进行格式化输入输出的函数，在它们在头文件 stdio.h 中定义，因此在使用输入输出函数前，必须在程序开头使用编译预处理命令 #include <stdio.h> 或 #include "stdio.h"，将该文件包含到程序文件中。

3.3.1　字符输入函数 getchar()

1. getchar() 函数

原型：int getchar()；

功能：接收从键盘输入的一个字符。

返回值：输入成功则返回该字符的 ASCII 码，错误则返回 EOF。

头文件：stdio.h

字符输入函数每调用一次，就从标准输入设备上取一个字符。函数值一般赋给字符变量或整型变量。

例如，

```
char c;
int a;
c=getchar();
a=getchar();
```

【例 3.7】 从键盘输入一个小写字母，输出其对应的大写字母。

（1）算法分析

由于大、小写字母的 ASCII 码值相差 32，如果已知小写字母，只要将其 ASCII 码值减去 32，就可以得到相应大写字母的 ASCII 码值。

（2）程序设计

```
// 例 3.2 将小写字母转换为大写字母
#include <stdio.h>
void main()
{
    char ch1,ch2;
    ch1=getchar();                    //从键盘输入一个字符，并存入变量 ch1
    ch2=ch1-32;                       //小写字母转化为大写字母
    printf("%c",ch2);                 //按字符格式输出转换后的值
}
```

（3）程序运行

程序运行结果如下。

```
输入：b
输出：B
```

2. 注意点

① getchar() 是一个无参函数，函数的返回值就是从键盘读入的字符。

② getchar() 函数只能接收单个字符，输入数字、空格、回车等也按字符处理。当输入多个字符时，只接收第一个字符。

③使用 getchar() 函数前必须包含文件 "stdio.h"。

④执行 getchar() 输入字符时，输入字符后需要按回车键，这样程序才会响应输入，继续执行后续语句。

3.2.2 格式化输入函数 scanf()

scanf() 函数称为格式输入函数，即按用户指定的格式从键盘上把数据输入到指定的变量中。

原型：int scanf（const char *format，address-list）；

功能：按格式字符串 format 从键盘读取数据，并存入地址列表 address-list 指定的存储单元。

返回值：输入成功则返回输入数据的个数，错误返回 0。

头文件：stdio.h

1. 格式字符串

格式控制字符 format：是用英文双引号括起来的字符串，其作用是控制输入项的格式和需要输入的提示信息。

scanf() 函数通常由 % 开始，并以一个格式字符结束，用于指定各参数的输入格式。

scanf() 函数的格式字符串的一般形式为 %[*][m][l][h] 类型，其中有方括号 [] 的项为任选项，各项的意义如下。

（1）类型

表示输入数据的类型，其格式控制符及说明如表 3.7 所示。

表 3.7 scanf() 函数的格式控制字符

格式控制字符	说 明
%d	输入十进制整数
%o	输入八进制整数
%x	输入十六进制整数
%u	输入无符号十进制数
%c	输入单个字符，空白字符（包括空格、回车、制表符）也作为有效字符输入
%s	输入字符串，非空格开始，遇到第一个空白字符（包括空格、回车、制表符）结束
%f 或 %e	输入实数，以小数或指数形式输入均可

格式控制字符包括格式转换说明符和普通字符两部分。格式控制说明符表示按指定的格式读入数据，普通字符是在输入数据时需要原样输入的字符。例如，

```
scanf("%d,%d",&a,&b);
需输入：3,4↙
```

此时 3 和 4 之间的逗号为普通字符，与 "%d, %d" 中的逗号对应，需原样输入。

又如：

```
scanf("a=%d,b=%d,c=%d",&a,&b,&c);
需输入：a=5,b=10,c=15↙ (a=、b=、c= 及逗号与格式控制对应)
```

为了减少不必要的输入，防止出错，在 scanf() 函数的格式控制字符串中尽量不要出现普通字符。

（2）修饰符

[h]、[l]、[m]、[*] 均为可选的格式修饰符，各种修饰符的意义如表 3.8 所示。

表 3.8　scanf() 函数的修饰符

格式修饰符	意　义
h	加在格式符 d，o，x 之前，用于输入 short 型整数
l	加在格式符 d，o，x 之前，用于输入 long 型整数
	加在格式符 f，e 之前，用于输入 double 型实数
m	指定输入数据的宽度（列数），遇到空格或不可转换的字符则结束
*	抑制符，表示对应的输入项读入后不赋给相应的变量

① 宽度修饰符 m

宽度修饰符 m 用十进制整数指定输入的宽度（字符数），系统根据它的数值自动截取所需数据。例如，

```
scanf("%2d%3d",&a,&b);
输入：123456789↙
```

系统自动将 12 赋给变量 *a*，345 赋给变量 *b*。

② 抑制修饰符 *

抑制修饰符 * 表示对应的数据读入后，不赋予相应的变量，该变量由下一个格式指示符输入，即跳过该输入值。例如，

```
scanf("%3d %*2d %2d",&a,&b);
输入：123□45□67↙
```

系统将读取第一个数 123 并赋值给变量 *a*；读取第二个数 45，但被跳过（“*” 的作用）；读取第三个数 67 并赋值给变量 *b*。

③ 长度修饰符

长度格式符为 l 和 h，l 表示输入长整型数据（如 %ld）和双精度浮点数（如 %lf）。h 表示输入短整型数据。

在输入长整型数据和双精度实型数据时，必须使用长度修饰符 “l” 或 “L”，否则，不能得到正确的输入值。

例如，

```
long x,double y;
scanf("%ld%lf",&x,&y);
```

2. 地址列表

地址列表是由若干个内存地址组成的列表，可以是变量的地址、字符串的首地址、指针变量地址等，各地址间以逗号间隔。

3. 使用 scanf() 函数的注意点

1）scanf() 函数中的变量名前必须使用地址运算符 &。

例如，

```
int a;
scanf("%d",a);                                    // 仅用变量名 a，错误用法
scanf("%d",&a);                                   // 地址名，正确用法
```

2）scanf() 函数中没有精度控制。

例如，

```
scanf("%5.2f",&a);          非法语句，不能企图用此语句输入小数为两位的实数
```

3）在用 "%c" 输入时，任意字符（如空格）均作为有效字符输入。

例如，

```
char c1,c2,c3;
scanf("%c%c%c",&c1,&c2,&c3);
输入：a□b□c↙
结果：a 赋给 c1,a 后第一个空格□赋给 c2,b 赋给 c3（其余被丢弃）
```

4）输入数据时，遇到下列情况时，该输入被认为结束。

① 遇到空格、回车键、Tab 键。

② 达到输出域宽，如 "%3d"，只取三位数。

③ 遇非法字符输入。

【例 3.8】 从键盘输入三个数据，并输出到屏幕上。

（1）源程序

```
#include <stdio.h>
void main()
{
   int a,b,c;
   printf("输入 a,b,c: \n");                    // 显示输入提示信息
   scanf("%d%d%d",&a,&b,&c);                    // 格式化输入
   printf("a=%d,b=%d,c=%d",a,b,c);              // 格式化输出
}
```

（2）程序说明

在本例中，由于 scanf() 函数本身不能显示提示串，故先用 printf 语句在屏幕上输出提示，请用户输入 *a*，*b*，*c* 的值。执行 scanf 语句，则退出 TC 屏幕进入用户屏幕等待用户输入。用户输入 7　8　9 后按下回车键，此时，系统又将返回 TC 屏幕。在 scanf 语句的格式串中由于没有非格式字符在 "%d%d%d" 之间作输入时的间隔，因此在输入时要用一个以上的空格或回车键作为每两个输入数之间的间隔。

（3）程序运行

程序运行后根据提示输入：

```
7 8 9
```

或

```
7
8
9
输出：a=7,b=8,c=9
```

3.4 数据的输出

3.4.1 字符输出函数 putchar()

putchar() 函数是字符输出函数，其功能是在显示器上输出单个字符。

原型：int putchar (int ch) ;

功能：将 ch 中的内容（一个字符）输出到屏幕。

返回值：成功则返回所输出字符 ch，错误则返回 EOF。

例如，

```
putchar('A');                              // 输出大写字母A
putchar(x);                                // 输出字符变量x的值
putchar('\101');                           // 也是输出字符A
putchar('\n');                             // 换行
```

对控制字符则执行控制功能，不在屏幕上显示。

由于 putchar() 函数属于库函数，使用它前必须要用文件包含命令：#include <stdio.h> 或 #include "stdio.h"。

【例 3.9】 用 putchar() 函数输出单个字符。

（1）源程序

```
#include <stdio.h>
void main()
{
    char a='B',b='o',c='k';
    putchar(a);putchar(b);
    putchar(b);putchar(c);putchar('\t');
    putchar(a);putchar(b);putchar('\n');
    putchar(b);putchar(c);
}
```

（2）程序说明

本例利用 putchar() 函数一次输出一个字符，该字符包括字符常量、字符变量及转义字符等。

（3）程序运行

程序运行结果如下。

```
Book     Bo
ok
```

注意： putchar() 函数一次只能输出一个字符，且该函数只有一个参数。

3.4.2 格式化输出函数 printf()

printf() 函数是一个标准库函数，它的函数原型在头文件“stdio.h”中。但作为一个特例，不要求在使用 printf() 函数之前必须包含 stdio.h 文件。

1. 格式字符串

printf() 函数中的格式字符串的一般格式为 %[flag][m][.n][l][h|l]type，其中方括号 [] 中的项为可选项。各项的意义如下。

（1）类型（type）

类型用来表示输出数据的类型，其格式控制字符及说明如表 3.9 所示。

表 3.9　printf() 函数的格式控制字符

格式控制字符	说　明
d	以十进制形式输出带符号整数（正数不输出符号）
O（字母）	以八进制形式输出无符号整数（不输出前缀 O）
x 或 X	以十六进制形式输出无符号整数（不输出前缀 Ox）
u	以十进制形式输出无符号整数
f	以小数形式输出单、双精度实数，隐含 6 位小数
e 或 E	以标准指数形式输出单、双精度实数
g 或 G	以 %f 或 %e 中较短的输出宽度输出单、双精度实数，不输出无意义的 0
c	输出单个字符
s	输出字符串

（2）修饰符

修饰符也称为附加格式说明符，各种修饰符及意义如表 3.10 所示。使用修饰符可以指定输出宽度及精度、输出对齐方式、空位填充字符和输出长度修正值等。

① 标志 flag。

标志格式字符为 −、+、#、空格四种。

② 输出最小宽度 m。

表 3.10 printf() 函数修饰符及意义

格式修饰符	意　义
+	输出符号（正号或负号）
#	对 c，s，d，u 类无影响；对 O 类，在输出时加前缀 O； 对 x 类，在输出时加前缀 Ox；
h	加在格式符 d，o，x 之前，用于输出 short 型整数
l	加在格式符 d，o，x，u 之前，用于输出 long 型整数
0	在右对齐的输出格式中左补 0，默认左补空格
m（表示整数）	按宽度 *m* 输出，若 *m* 大于数据长度，左补空格，否则按实际位数输出
−m（表示整数）	按宽度 *m* 输出，若 *m* 大于数据长度，右补空格，否则按实际位数输出
.n（表示整数）	加在 f 之前，指定 *n* 位小数
	加在 e、E 之前，指定 *n*−1 位小数
	加在 s 之前，指定截取字符串前 *n* 个字符

指定输出项输出时所占的列数。若实际位数多于定义的宽度，则按实际位数输出，若实际位数少于定义的宽度则补以空格或 0。

③ 精度 .n。

精度格式符 .n 以“.”开头，后跟十进制整数。其意义是：如果输出的是数字，则表示小数的位数；如果输出的是字符，则表示输出字符的个数；若实际位数大于所定义的精度数，则截去超过的部分。

④ 长度 h，l。

长度格式符为 h，l 两种，h 表示按短整型输出，l 表示按长整型输出。

注意：输出表列中给出了各个输出项，要求格式字符串和各输出项在数量、位置和类型上应该一一对应。

【例 3.10】 使用 printf() 函数格式控制符。

（1）源程序

```
#include <stdio.h>
void main()
{
   int a=66,b=67;
   printf("%d,%d\n",a,b);
   printf("%c,%c\n",a,b);
   printf("a=%d,b=%d\n",a,b);
}
```

（2）程序说明

本例中 3 次输出 *a*，*b* 的值，但由于格式控制符不同，输出的结果也不同。程序的第 5 行的 printf() 函数格式控制串中，两个格式串 %d 之间加了一个逗号（非格式字符），所以输出的 *a*，*b* 值之间有一个逗号；第 6 行中的格式控制串是 %c，表示按字符型输出 *a*，*b* 的值；第 7 行为了提示输出结果，又增加了非格式字符串 "a="，",b="。

（3）程序运行

程序运行结果如下。

```
66,67
B,C
a=66,b=67
```

【例 3.11】 使用 printf() 函数格式修饰符。

（1）源程序

```
#include <stdio.h>
void main()
{
    int a=15;
    float b=123.1234567;
    double c=12345678.1234567;
    char d='p';
    printf("a=%d,%5d,%o,%x\n",a,a,a,a);               //将 a 以 4 种格式输出
    printf("b=%f,%lf,%5.4lf,%e\n",b,b,b,b);           //将 b 以 4 种格式输出
    printf("c=%lf,%f,%8.4lf\n",c,c,c);                //将 c 以 3 种格式输出
    printf("d=%c,%8c\n",d,d);                         //将 d 以 2 种格式输出
}
```

（2）程序说明

本例第 8 行中以四种格式输出整型变量 *a*=15 的值。其中，"%5d" 要求输出宽度为 5，而 *a* 值为 15，只有两位，左补三个空格（默认右对齐）；%o、%x 分别以八进制和十六进制输出；第 9 行中以四种格式输出实型量 *b* 的值。其中，"%f" 和 "%lf" 格式的输出相同，说明 "l" 符对 "f" 类型无影响，"%5.4lf" 指定输出宽度为 5，小数位数为 4，由于实际长度超过 5，应该按实际位数输出，而小数位数按四舍五入保留 4 位；第 10 行输出双精度实数，"%8.4lf" 由于指定精度为 4 位故截去了超过 4 位的部分；第 11 行输出字符量 d，其中，"%8c" 指定输出宽度为 8 故在输出字符 p 之前补加 7 个空格。

（3）程序运行

程序运行结果如下。

```
a=15,   15,17,f
b=123.123459,123.123459,123.1235,1.231235e+002
c=12345678.123457,12345678.123457,12345678.1235
d=p,       p
```

3.5　基本语句及程序规范

3.5.1　C 语言的基本语句

从本章开篇的引例我们可以看出：一个简单的 C 语言程序包含了声明部分和执行部分。声明部分不产生机器指令，但对相关的数据作了声明。执行部分是由语句组成，语句的作用是向计算机发出指令，进行相应的操作程序。

C 语言的语句分为以下五大类。

1. 控制语句

控制语句完成一定的控制功能。C 语言只有 9 条控制语句，又可细分为三种。

①选择结构控制语句 if…else…，switch…

②循环结构控制语句 do…while，for…，while…，break，continue

③其他控制语句 goto，return

2. 函数调用语句

函数调用语句由一次函数调用加一个分号（语句结束标志）构成。

例如，

```
printf("This is a C function statement.");
```

3. 表达式语句

表达式语句是由在表达式后加一个分号构成的。最典型的表达式语句是：在赋值表达式后加一个分号构成的赋值语句。

例如，

“num=5”是一个赋值表达式，而“num=5；”却是一个赋值语句。由此可以看出，在一个表达式的最后加一个分号就成了一个语句。一个语句后面必须要有分号，分号是语句中不可缺少的组成部分。再如：

```
i++        (是表达式，不是语句)
i++;        (是一个语句相当于 i=i+1;)
```

C 语言的一个重要特色就是表达式能构成语句，并且函数调用语句也属于表达式语句，只是为了便于理解和使用，才把函数调用语句和表达式语句分开来说明。

4. 空语句

空语句仅由一个分号构成。显然，空语句什么操作也不执行。

例如，下面就是一个空语句：

```
;
```

5. 复合语句

复合语句是由大括号括起来的一组（也可以是 1 条）语句构成。
例如，

```
void main()
{
......
    {
    ......
    }                                           // 注意：右括号后不需要分号
......
}
```

注意：

① 在语法上和单一语句相同，即单一语句可以出现的地方，也可使用复合语句；
② 复合语句可以嵌套，即复合语句中也可出现复合语句。
③ 复合语句中最后一条语句中最后的分号不能忽略不写。

3.5.2　程序的风格与基本规范

1. 程序风格

C 语言对于程序书写格式的限制较小，因此形成不同的程序风格。其中最基本的是缩进、花括号的位置以及换行等。比如下面几段代码都能编译运行，但风格各异。

```
// 第一段 K&R 风格
int main(void){

    printf("Hello World!\n");
    return 0;
}
// 第二段 ANSI 风格
int main(void)
{
    printf("Hello World!\n");
    return 0;
}
// 第三段
int main()
```

```
(
){printf
  ("Hello World!\n"
  );return 0;}
```

2. 程序设计基本规范

程序设计主要原则是“清晰第一，效率第二”，限制使用 goto 语句（goto 语句通常与条件语句配合使用。可用来实现条件转移、构成循环、跳出循环体等功能，并不是不能使用）。基本的程序设计规范有以下几点。

① 适当增加注释，并保持注释与代码完全一致。

② 每个源程序文件，都有文件头说明。

③ 每个函数　都有函数头说明。

④ 定义标识符时，尽量“见名知义”，并通过注释反映其含义。

⑤ 利用缩进来显示程序的逻辑结构，缩进量一致并以 Tab 键为单位，定义 Tab 为 6 个字节。

⑥ 注释可以与语句在同一行，也可以在上一行。

⑦ 空行和空白字符也是一种特殊注释。

习 题 3

一、选择题

（1）有以下程序段：

```
int m=0,n=0;
char c='a';
scanf("%d%c%d",&m,&c,&n);
printf("%d,%c,%d\n",m,c,n);
```

若从键盘上输入 10A10，则输出结果是 ________。

A. 10，A，10　　B. 16，a，10　　C. 10，a，0　　D. 10，A，0

（2）下列合法的 C 语言赋值语句是 ________。

A. a=b=1　　B. --a；　　C. a=int（b）　　D. a=1，b=2；

（3）执行下列程序时，输入 76543，程序运行的结果为 ________。

```
#include<stdio.h>
void main (
{
    int x,y;
    scanf("%2d%2d",&x,&y);
    printf("%d\n",x+y)
}
```

A. 13　　B. 130　　C. 15　　D. 9

（4）已知“int a,b;”用语句“scanf("%d%d",&a,&b);”输入 *a*，*b* 的值时，不能作为输入数据分隔符的是 ________。

A. ;　　B. 空格　　C. 回车　　D.【Tab】键

（5）有定义语句“int x,y;”，若要通过“scanf("%d,%d",&x,&y);”语句使变量 *x* 得到数值 11，变量 *y* 得到数值 12，下面四组输入形式中错误的是 ________。

A. 1112　　B. 11，12　　C. 11，12　　D. 11，12

（6）设 *x*, *y* 均为整型变量，且 *x*=8, *y*=5，则以下语句的输出结果是 ________。

```
printf ("%d,%d\n",x--,++y);
```

A. 8，5　　B. 7，5　　C. 7，6　　D. 8，6

（7）以下程序的输出结果是 ________。

```
int main()
{
    int a=20,b=10;
    printf("%d,%%d\n",a+b,a-b);
}
```

A. 30，%d

B. 30，10

C. 30，%10

D. 以上答案均不正确（%%d 中第一个 % 后面的表示字符）

（8）下列程序的运行结果是 ________。

```
int main()
{
    float x=2.5;
    int y;
    y=(int)x;
    printf("x=%f,y=%d",x,y);
}
```

A. x=2.500000，y=2　　B. x=2.5，y=2

C. x=2，y=2　　D. x=2.500000，y=2.000000

（9）以下程序的输出结果是 ________。

```
int main()
{
    char c='z';
    printf("%c",c-25);
}
```

A. a　　B. z

C. z−25　　D. y（字母共有 26 个，而 z 是最后一个）

（10）下面程序的输出结果是 ________。

```
int main()
{
    double d=3.2;
    int x=1.2,y;
    y=(x+3.8)/5.0;
    printf("%d\n",d*y);
}
```

A. 3　　B. 3.2　　C. 0　　D. 3.07

（11）下面程序的输出结果是 ________。（提示：输出时无定界符）

```
int main()
{
    int k=17;
    printf("%d,%o,%x\n",k,k,k);
}
```

A. 17，17，17　　B. 17，021，0x11　　C. 17，21，11　　D. 17，0x11，021

（12）下列程序执行后的输出结果是 ________。

```
int main()
{
    char x =0xFFFF;
    printf("%d\n",x--);
}
```

A. −32767　　B. FFFE　　C. −1　　D. =−32768

（13）语句“printf("a\bre\'hi\'y\\\bou\n")；”的输出结果是 ________。

A. a\bre\'hi\'y\\\bou　　B. a\bre\'hi\'y\bou

C. re'hi'you　　D. abre'hi'y\bou

二、填空题

（1）写出以下程序的运行结果。

```
#include <stdio.h>
void main()
{
    int a,b;
    unsigned c,d;
    long e,f;
    a=300;
    b=-2500;
    e=48988;
```

```
    f=32767;
    c=a;
    d=b;
    printf("%d,%d\n",a,b); // 结果是________________________________
    printf("%u,%u\n",a,b); // 结果是________________________________
    printf("%u,%u\n",c,d); // 结果是________________________________
    c=a=e;
    d=b=f;
    printf("%d,%d\n",a,b); // 结果是________________________________
    printf("%u,%u\n",c,d); // 结果是________________________________
}
```

（2）语句“unsigned a;a=−100;printf(“%u\n”,a);”的输出结果是________，如果将 *a* 赋值为 100，执行结果是 ________。

（3）写出以下程序的运行结果。

```
#include <stdio.h>
void main()
{
    int i,j,m,n;
    i=1.4;
    j=10;
    m=++i;j++;
    n=i++;
    printf("%d,%d,%d,%d",i,j,m,n);
}
程序运行结果是________________________________。
```

三、程序设计题

（1）编写程序，把 560 分钟换算成用小时和分钟表示，然后进行输出。

（2）试编写程序，其功能是将“China”译成密码，密码规律是用原来的字母后面第四个字母代替原来的字母。例如，字母“A”后面第四个字母是“E”，用“E”代替“A”，因此，“China”应译为“Glmre”。编写程序时用赋初值的方法使 c1，c2，c3，c4，c5 这五个变量的值分别为 'C', 'h', 'i', 'n', 'a'，经过计算，使 c1，c2，c3，c4，c5 分别变为 'G', 'l', 'm', 'r', 'e'，并输出。

第4章 选择结构程序设计

4.1 选择结构程序的引入

4.1.1 引入选择结构的背景

前面章节中介绍的程序都是一些简单的程序，都属于顺序结构程序设计，只能解决一些简单的问题，如果要解决稍微复杂一些的问题，仅用顺序结构是很难实现的。因为顺序结构程序的执行就像一条流水线，将程序中的各个语句按从上到下的顺序逐一执行，不能根据一定的条件选择执行相应的语句，也就是不具有逻辑判断能力。为了使程序具有逻辑判断能力，引入了选择结构。

【引例】 同学们从教室到宿舍是不是有很多种条路径，那么我们现在要选择走哪一条路回宿舍呢？不同的学生可能会选不同的路径，这就需要通过选择分支结构来实现相应的算法。

4.1.2 选择结构的基本概念

选择结构就是对给定条件进行判断，从而选择执行不同的分支。条件的表示通常是关系表达式，也可能是逻辑表达式或一般的算术表达式。选择结构实现的方法是采用条件语句和开关语句。本章主要介绍 if 条件语句和 switch 开关语句以及选择结构程序设计的方法与步骤、应用实例等。

4.1.3 选择结构的基本知识点

选择结构包括条件语句和开关语句。

条件语句有三种基本形式，即单分支结构、双分支结构和多分支结构。

if 和 else 的组合可以实现这三种基本形式。

开关语句一般只用于多分支结构。switch、case、default 以及 break 的组合可以实现多分支结构。

4.2 条件语句

4.2.1 单分支结构

1. 结构形式

单分支结构的 if 语句的一般形式为

```
if(表达式) 语句;
```

2. 执行过程

如果表达式的值为真（不等于 0），则执行其后的语句；否则（表达式的值等于 0），不执行该语句。其执行过程如图 4.1 所示。

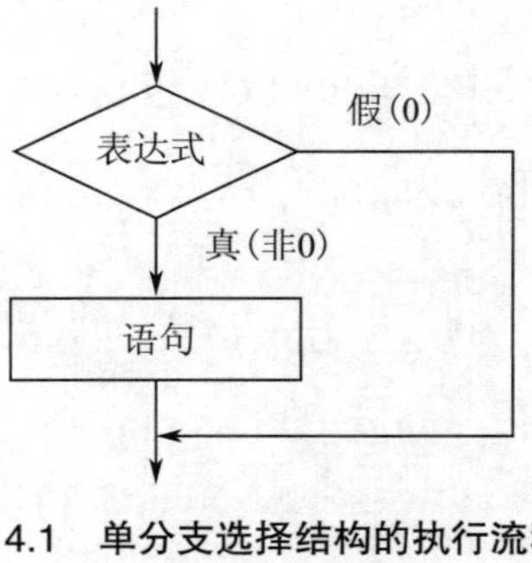

图 4.1　单分支选择结构的执行流程

3. 使用举例

【例 4.1】 编写程序输入两个数，输出其中的较大值。

（1）算法分析。

本例中要求输出两个数中的较大数，只要将输入的两个数进行一次比较就可以找出其中的较大数。方法有多种。

方法 1：输入两个数放在 *a*，*b* 中，先把 *a* 存放到 max 中，然后再将 *b* 和 max 进行比较，如果 *b* 大于 max，则把 *b* 放到 max 中。

方法 2：输入两个数放在 *a*，*b* 中，将 *a* 和 *b* 进行比较，如果 *a*>*b*，则直接输出 *a* 的值，否则直接输出 *b* 的值。

方法 3：输入两个数放在 a，b 中，将 a 和 b 进行比较，如果 $a<b$，则先交换 a 和 b 的值，然后输出 a 的值，否则直接输出 a 的值。

其中，交换变量 a 和 b 值的方法如下。

需要引入一个中间变量，如 t，接下来用三个语句实现三个步骤。

```
t=a;a=b;b=t;
```

（2）程序设计。

这里用第一种方法进行程序设计，代码如下。

```
#include<stdio.h>
void main()
{
    int a,b,max;                      //定义变量,max存放较大数
    printf("输入两个数：");
    scanf("%d,%d",&a,&b);             //输入两个数
    max=a;                            //先把a作为较大数
    if(b>max) max=b;                  //单分支结构,如果b大于max,则把b作为较大数
    printf("较大数是：%d\n",max);      //输出较大数
}
```

其余两种方法，请读者完成程序设计。

4.2.2 双分支结构

1. 结构形式

双分支结构的 if 语句的一般形式为

```
if(表达式)
    语句 1;
else
    语句 2;
```

2. 执行过程

如果表达式的值为真，则执行语句 1，否则，执行语句 2。其执行过程如图 4.2 所示。

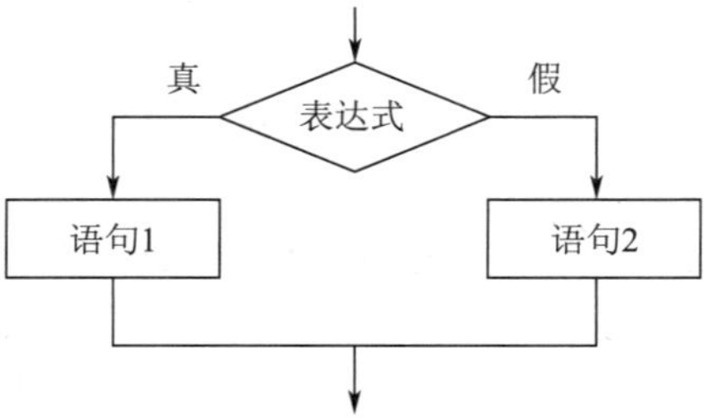

图 4.2　双分支选择结构的执行流程

3. 使用举例

【例 4.2】 编写程序求一个数的绝对值。

```
#include <stdio.h>
void main()
{
    int x,y;
    printf("输入一个数：");
    scanf("%d",&x);                    //输入 x
    if(x>=0)                           //双分支结构
        y=x;                           //x>=0 时，把 x 赋给 y
    else
        y=-x;                          //x<0 时，把 -x 赋给 y
    printf("|%d|=%d\n",x,y);           //输出 x,y
}
```

4.2.3 多分支结构

1. 结构形式

当有多个分支选择时，可采用多分支选择结构 if…else if 条件语句，其一般形式为

```
if(表达式 1)
    语句 1;
else if(表达式 2)
    语句 2;
else if(表达式 3)
    语句 3;
…
else if(表达式 m)
    语句 m;
else
    语句 n;
```

2. 执行过程

首先依次判断表达式的值，如果其值为真时，则执行它对应的语句，然后跳到整个 if 语句之外继续执行后面的程序；如果所有表达式的值均为假，则执行语句 n，然后继续执行后面的程序。多分支结构 if…else if 条件语句的执行过程如图 4.3 所示。

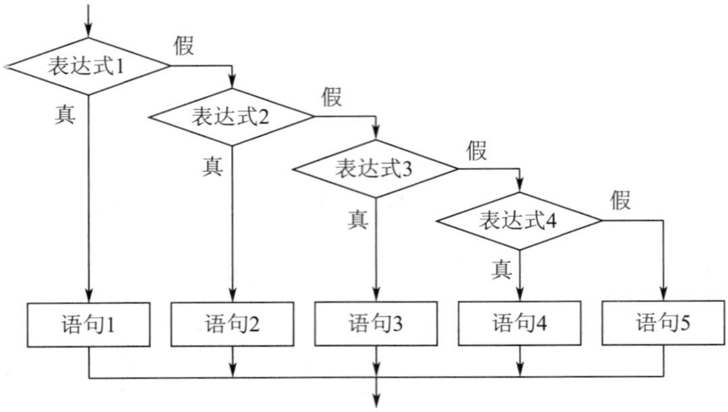

图 4.3　多分支选择结构的执行流程

4.2.4　条件语句的嵌套

当 if 语句中的执行语句又是 if 语句时，则构成了 if 语句嵌套结构的情形，采用嵌套结构的实质是为了便于进行多分支选择。其一般形式可表示为以下三种。

1. 在 if 和 else 之间嵌套

```
if(表达式 1)
    {if(表达式 2) 语句 1;}
else  语句 2;
```

2. 在 else 后面嵌套

```
if(表达式 1)
    语句 1;
else
    if(表达式 2) 语句 2;
```

3. 在 if 和 else 之间、else 后面均嵌套

```
if(表达式 1)
    {if(表达式 2) 语句 1;}
else
    if(表达式 3) 语句 2;
```

注意： 在嵌套内的 if 语句中可能又是 if…else 型的，这将会出现多个 if 和多个 else 重叠的情况，这时要特别注意 if 和 else 的配对问题。为了避免二义性，C 语言规定 else 总是与它前面最近的 if 配对。

例如，

```
if(表达式 1)
```

```
    if(表达式 2)
        语句 1;
    else
        if(表达式 3)
        语句 2;
    else
        语句 3;
```

其中 else 究竟是与哪一个 if 配对呢？这种情况应该理解为

```
if(表达式 1)
    if(表达式 2)
        语句 1;
    else
        if(表达式 3)
            语句 2;
        else
            语句 3;
```

【例 4.3】 比较两个数的大小关系。

（1）算法分析

本例中先输入两个数分别放入 a，b 中，a 和 b 的关系有 3 种情况，即 $a>b$，$a=b$，$a<b$。判断 3 种情况要用两个 if 语句进行，这里用 if 语句的嵌套结构来实现。嵌套的方法有两种，一种方法是在 if 和 else 之间嵌套 if 语句，另一种方法是在 else 之后嵌套 if 语句。程序流程图如图 4.4 所示。

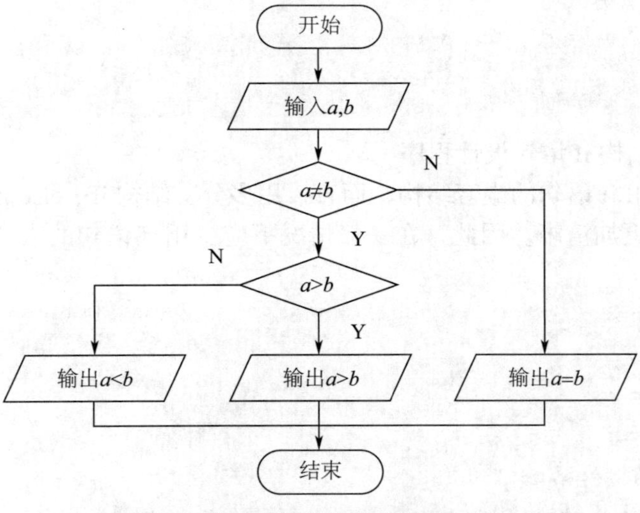

图 4.4　比较两个数的大小关系流程图

（2）程序设计

```
#include <stdio.h>
void main()
{
```

```
    int a,b;
    printf("请输入 a,b: ");
    scanf("%d,%d",&a,&b);                 //输入 a,b 的值
    if(a!=b)                              //在 if 与 else 之间嵌套一个双分支结构
        if(a>b)
            printf("a 大于 b\n");         //a 不等于 b 时,a 大于 b
        else
            printf("a 小于 b\n");         //a 不等于 b 时,a 小于 b
    else
        printf("a 等于 b\n");             //a 不等于 b 条件不成立时,即 a 等于 b
}
```

本例中用了 if 语句的嵌套结构，在 if 和 else 之间嵌套 if 语句，也可以在 else 之后嵌套 if 语句，请读者自己完成。

（3）程序运行

① 第一次运行结果。

```
请输入 a,b: 20,30
a 小于 b
```

② 第二次运行结果。

```
请输入 a,b: 50,40
a 大于 b
```

③ 第三次运行结果。

```
请输入 a,b: 60,60
a 等于 b
```

（4）用多分支结构 if 语句设计程序

本例也可以不用 if 语句的嵌套结构，而直接用多分支结构 if…else if 条件语句也可以完成，而且程序结构更加清晰。因此，在一般情况下应少用 if 语句的嵌套结构，以使程序更加便于阅读理解。

```
#include <stdio.h>
void main()
{
    int a,b;
    printf("请输入 a,b: ");
    scanf("%d,%d",&a,&b);                 //输入 a、b 的值
    if(a==b)                              //a 等于 b 时
        printf("a 等于 b\n");
    else if(a>b)                          //在 else 之后嵌套一个双分支结构
        printf("a 大于 b\n");             //a 不等于 b 时,a 大于 b
    else
```

```
    printf("a 小于 b\n");              //a 不等于 b 时，a 小于 b
}
```

程序运行情况，请读者分析。

4.2.5　条件语句的使用注意点

① 在三种形式的 if 语句中，在 if 关键字之后的均为表达式。该表达式通常是关系表达式或逻辑表达式，但也可以是其他表达式，如赋值表达式等，甚至也可以是一个变量或是一个数值表达式。例如，

```
if(a=5) 语句；                          //a=5 是一个赋值表达式
if(b) 语句；                            //b 是一个变量
if(a+b) 语句；                          //a+b 是一个表达式
```

上述都是允许的，只要表达式的值为非 0，条件即为“真”。

如在“if（a=5）；”中表达式的值永远为非 0，所以其后的语句总是要执行的，当然这种情况在程序中不一定会出现，但在语法上是合法的。

② 在 if 语句中，条件表达式必须用括号括起来，且在其后的语句结束时必须加分号。

③ 在 if 语句的 3 种形式中，所有的语句应为单个语句。如果要想在满足条件时执行一组（多个）语句，则必须把这一组语句用“{}”括起来组成一个复合语句，但要注意的是在“{}”之后不能再加分号。

例如，

```
if(a>b){
    m=a;
    n=b;
}else{                                  // }之后不能再加分号
    m=b;
    n=a;
}                                       // }之后不能再加分号
```

4.3　开关语句

4.3.1　开关语句的格式

C 语言还提供了另一种用于多分支选择的 switch 语句，其一般形式为

```
switch (表达式)
{
    case 常量表达式 1:    语句 1;
```

```
    case 常量表达式 2:      语句 2;
    …
    case 常量表达式 n:      语句 n;
    default:               语句 n+1;
}
```

说明：

① switch 后面表达式的值应为整型或字符型。

② switch 下面的应该是一对花括号，即是一条复合语句。

4.3.2 开关语句的执行

【例 4.4】 根据学生考试成绩的等级输出相应的百分制分数段。

（1）算法分析

设学生的考试成绩分为 5 个等级。等级 A 表示 90 ~ 100 分，等级 B 表示 80 ~ 89 分，等级 C 表示 70 ~ 79 分，等级 D 表示 60 ~ 69 分，等级 E 表示 0 ~ 59 分。本例共有 5 种情况，使用 switch 语句实现更方便。

（2）程序设计

```
#include <stdio.h>
void main()
{
    char g;
    printf("请输入学生考试成绩的等级：");
    scanf("%c",&g);
    switch (g)
    {
    case 'A':
        printf("90~100 分 \n");
        case 'B':
            printf("80~89 分 \n");
        case 'C':
            printf("70~79 分 \n");
        case 'D':
            printf("60~69 分 \n");
        default:
            printf("60 分以下 \n");
    }
}
```

注意分析程序的运行过程及结果，看存在什么问题？

例如，当输入成绩等级为 A 时，输出的结果是：

```
90~100 分
80~89 分
70~79 分
60~69 分
60 分以下
```

显然这样的结果是不正确的，但这种结果恰恰反映了 switch 语句的一个特点。在 switch 语句中，“case 常量”只相当于一个语句标号，常量的值和某标号相等则转向该标号执行，但不能在执行完该标号的语句后自动跳出整个 switch 语句，所以出现了继续执行所有后面 case 语句的情况。为了避免上述情况，C 语言提供了一种 break 语句，修改后的程序为

```
#include <stdio.h>
void main()
{
    char g;
    printf("请输入学生考试成绩的等级：");
    scanf("%c",&g);
    switch (g)
    {
        case 'A':
            printf("90~100 分 \n");break;
        case 'B':
            printf("80~89 分 \n");break;
        case 'C':
            printf("70~79 分 \n");break;
        case 'D':
            printf("60~69 分 \n");break;
        default:
            printf("60 分以下 \n");
    }
}
```

4.3.3 开关语句的使用注意点

1. 在使用 switch 语句时应注意

① 在 case 后，各常量的值不能相同，否则会出现错误。
② 在 case 后，允许有多个语句，可以不用“{}”括起来。
③ 在 case 后，允许为空，即多个 case 可以共用一个或多个语句。
④ 各 case 和 default 子句的先后顺序可以变动，不会影响程序执行结果。

⑤ 在每一个 case 语句之后应有一个 break 语句，使每一次执行之后均可跳出 switch 语句，从而避免输出不应有的结果。

⑥ default 子句可以省略不用。

2. 使用注意点说明

将例 4.3 使用 switch 语句实现如下，通过该例分别说明以上注意点。

```
#include <stdio.h>
void main()
{
    int g;char d;
    printf(" 请输入一个百分制成绩: ");
    scanf("%d",&g);                          // 输入一个百分制成绩
    switch(g/10)                             // 将 g 除以 10 取整数作为表达式的值
    {
        case 0:                              // 当表达式的值为 0 时
        case 1:                              // 当表达式的值为 1、0 时
        case 2:                              // 当表达式的值为 2、1、0 时
        case 3:                              // 当表达式的值为 3、2、1、0 时
        case 4:                              // 当表达式的值为 4、3、2、1、0 时
        case 5: d='E';printf(" 成绩为不及格 \n");break;      // 当表达式的值为 5 时
        case 6: d='D';printf(" 成绩为合格 \n");break;        // 当表达式的值为 6 时
        case 7: d='C';printf(" 成绩为中等 \n");break;        // 当表达式的值为 7 时
        case 8: d='B';printf(" 成绩为良好 \n");break;        // 当表达式的值为 8 时
        case 9:                                              // 当表达式的值为 9 时
        case 10: d='A';printf(" 成绩为优秀 \n");break;       // 当表达式的值为 10 时
    }
}
```

4.4 选择结构程序设计及实例

【例 4.5】 输入三个整数，输出其中的最大数和最小数。

（1）算法分析

首先输入三个整数放在变量 a，b，c 中，然后比较 a，b 的大小，把其中大的数放入变量 max，小的数放入变量 min 中，接着再将 c 与 max 和 min 进行比较，若 c 大于 max，则把 c 放入 max 中；如果 c 小于 min，则把 c 放入 min 中；最后输出 max 和 min 中的值即可。程序流程图如图 4.5 所示。

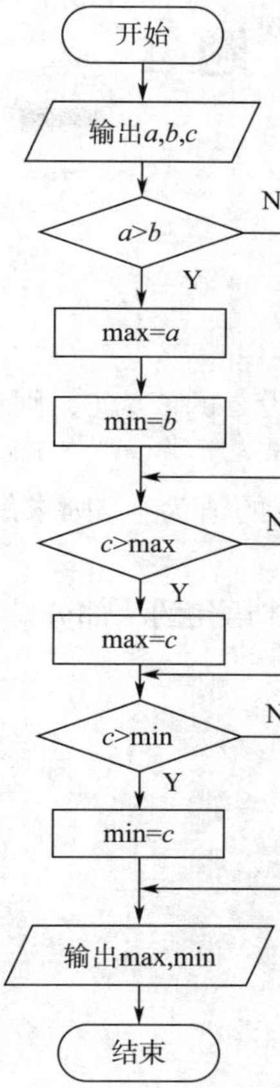

图 4.5　求 3 个数中的最大数和最小数流程图

（2）程序设计

```
#include <stdio.h>
void main()
{
int a,b,c,max,min;                         //定义变量,max 表示最大,min 表示最小
   printf("请输入三个整数:");
   scanf("%d,%d,%d",&a,&b,&c);             //输入三个整数
   if(a>b)
   {max=a;min=b;}                          //a 大于 b 时,a 放入 max 中,b 放入 min 中
   else
   {max=b;min=a;}                          //a 小于 b 时,b 放入 max 中,a 放入 min 中
   if(c>max)
      max=c;                               //c 大于 max 时,c 放入 max 中
   if(c<min)
      min=c;                               //c 小于 min 时,c 放入 min 中
   printf("最大数是:%d,最小数是:%d\n",max,min);        //输出最大数、最小数
}
```

习 题 4

一、选择题

（1）以下叙述中正确的是 ________。

A. 关系运算符的结果有三种：0，1，-1

B. 对于逻辑表达式“a++ && b++”，设 *a* 的值为 0，则求解表达式的值后，*b* 的值会发生改变

C. 对于逻辑表达式“a++ || b++”，设 *a* 的值为 1，则求解表达式的值后，*b* 的值会发生改变

D. else 不是一条独立的语句，它只是 if 语句的一部分

（2）有以下程序

```
#include <stdio.h>
main()
{ int a=0,b=0,c=0,d=0;
   if(a=1) b=1;c=2;
   else d=3;
printf("%d,%d,%d,%d\n",a,b,c,d);
}
```

程序运行后的输出结果是 ________。

A. 0，1，2，0　　B. 0，0，0，3　　C. 1，1，2，0　　D. 编译有错

（3）有以下程序

```
#include <stdio.h>
main()
{ int x=1, y=0;
   if (!x) y++;
else if (x==0)
if (x) y+=2;
else y+=3;
printf("%d\n", y);
}
```

程序运行后的输出结果是 ________。

A. 2　　B. 0　　C. 1　　D. 3

（4）若变量已正确定义，在语句“if (W) printf（“%d\n”，k）;”中，以下不可替代 W 的是 ________。

A. a==b+c　　B. ch=getchar()　　C. a<>b+c　　D. a++

（5）设有定义“int a=1,b=2,c=3;”，以下语句中执行效果与其他三个不同的是 ________。

A. if(a>b) c=a,a=b;b=c;　　B. if(a>b) {c=a,a=b,b=c;}

C. if(a>b) c=a,a=b,b=c;　　D. if(a>b) {c=a;a=b;b=c;}

（6）有以下程序

```
#include <stdio.h>
main()
{ int a=1,b=2,c=3,d=0;
   if (a==1 && b++==2)
   if (b!=2||c--!=3)
      printf("%d,%d,%d\n",a,b,c);
   else printf("%d,%d,%d\n",a,b,c);
   else printf("%d,%d,%d\n",a,b,c);
}
```

程序运行后的输出结果是 ________。

A. 1，3，3　　B. 1，3，2　　C. 1，2，3　　D. 3，2，1

（7）下列条件语句中，输出结果与其他语句不同的是 ________。

A.

```
if(a==0) printf("%d\n",y);
else printf("%d\n",x);
```

B.

```
if(a==0) printf("%d\n",x);
else printf("%d\n",y);
```

C.

```
if(a!=0) printf("%d\n",x);
else printf("%d\n",y);
```

D.

```
if(a) printf("%d\n",x);
else printf("%d\n",y);
```

（8）若有以下程序

```
#include <stdio.h>
main()
{ int a=1,b=2,c=3,d=4;
if ((a=2) || (b=1)) c=2;
if ((c==3) && (d=-1)) a=5;
printf("%d,%d,%d,%d\n",a,b,c,d);
}
```

程序运行后的输出结果是 ________。

A. 1，2，3，4　　B. 2，1，2，−1　　C. 5，1，2，−1　　D. 2，2，2，4

（9）以下叙述中正确的是 ________。

A. if 语句只能嵌套一层

B. 改变 if…else 语句的缩进格式，会改变程序的执行流程

C. 不能在 else 子句中再嵌套 if 语句

D. if 子句和 else 子句中可以是任意的合法的 C 语言语句

（10）有以下程序

```
#include <stdio.h>
main(){
```

```
    int x=1,y=0,a=0,b=0;
    switch (x){
       case 1:
       switch(y){
          case 0: a++; break;
          case 1: b++; break;
       }
    case 2: a++; b++; break;
    case 3: a++; b++;
    }
    printf("a=%d, b=%d\n",a, b);
}
```

程序的运行结果是 ________。

A. a=2，b=2　　B. a=2，b=1　　C. a=1，b=1　　D. a=1，b=0

二、填空题

（1）表示“整数 x 的绝对值小于 9”时值为“真”的 C 语言表达式是 ________。

（2）以下程序的输出结果是 ________。

```
#include <stdio.h>
main(){
    int s=0, n;
    for(n=0; n<4; n++){
       switch(n){
          default: s+=4;
          case 1: s+=1;
          case 2: s+=2;
          case 3: s+=3;
       }
    }
    printf("%d\n",s);
}
```

（3）以下程序的输出结果是 ________。

```
#include <stdio.h>
main()
{
    char a='H';
    a=(a>='A' && a<='Z')?(a+32):a;
    printf("%c\n",a);
}
```

（4）有如下嵌套的 if 语句

```
if(a<b)
if(a<c) k=a;
else k=c;
else
if(b<c) k=b;
else k=c;
```

与上述 if 语句等价的语句是 ________。

三、**编程题**

（1）编写一个程序，其功能是判断某一年是否为闰年。

提示：闰年的条件是符合下面两者之一：①能被 4 整除，但不能被 100 整除；②能被 400 整除。

（2）编写一个程序，其功能是判断一个数是否为水仙花数。若是，输出“是水仙花数”，如不是，输出“不是水仙花数”。所谓水仙花数，是一个 3 位数，各位数字的立方和等于它本身。

提示：输入一个数，判断是否为 3 位数，若不是，提示出错“输入有误！”；若是，则分别求出它的个、十和百位（利用 / 和 % 运算符）；计算求出个、十、百位数的立方和；判断是否和原数相等，输出相应的信息。

（3）编写一个程序，其功能是加密给定的数据，设加密方法是对任意给定的 4 位整数，每一位数字均加 2，若某位数字加 2 后大于 9，则取其除以 10 的余数，如数据 6987 加密后的数据为 8109。

第 5 章 循环结构程序设计

5.1　循环结构程序的引入

5.1.1　引入循环结构的背景

前面讲了顺序存储结构，解决了简单的顺序运算与选择分支运算的问题，可是实际生活中有些问题计算量是很庞大的而运算步骤是不停地重复同一种算法，如果采用单一的顺序结构那么程序会非常冗长、繁琐，并且当需要运算的次数多到一定程度时，这种方法是不切实际的。所以本章节着重介绍循环结构的用法，以解决重复执行某些操作的问题。

【引例】 输入全班 30 位学生的计算机课程的考试成绩，求出增均值。

该如何写程序代码呢？输入学生的成绩应该用输入函数完成，输入一位学生的成绩用“scanf（“%d”, $m）;”，那么现在有 30 位学生的成绩需要输入，这个语句就要重复地写 30 遍，那么有没有办法只写一遍，对于这种相同的语句重复书写多遍的程序，可以用循环来解决。

5.1.2　循环结构的基本概念

所谓循环结构就是指当程序中某一程序段需要反复多次执行时而设置的一种程序结构。主要分为 3 大类：当型循环（while）、直到型循环（do…while）、计数型循环（for）。不同类型的循环可以根据需要相互嵌套使用。

5.2 当型循环

5.2.1 当型循环的一般形式

由 while 语句构成的循环称为 while 循环，while 循环也是“当”型循环。它的一般形式如下：

```
while(表达式)
    循环体;
```

while 后一对圆括号中的表达式称为循环条件。它可以是 C 语言中任意合法的表达式，由它来控制循环体是否执行。

循环体可以是一条语句，也可以是由“{ }”括起来的多条语句。

5.2.2 当型循环的执行

首先计算表达式的值，然后判断表达式的值是否为真。当值为真（非 0）时，执行循环体中的语句，其执行过程如图 5.1 所示。

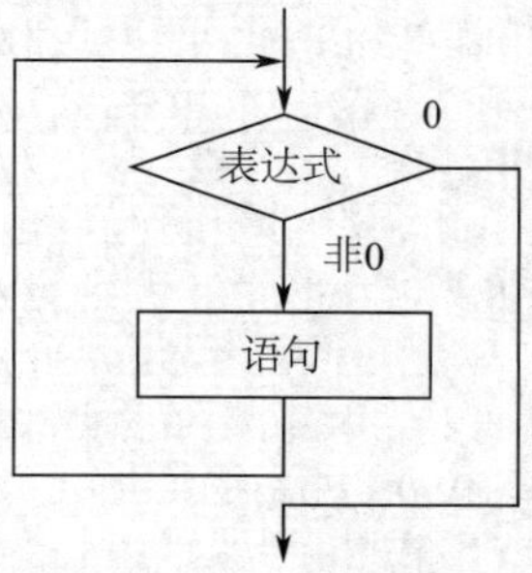

图 5.1　while 语句的执行

5.2.3 当型循环的使用举例

【例 5.1】 用 while 循环求 sum=$\sum_{i=1}^{100} i$。

（1）算法分析

sum=$\sum_{i=1}^{100} i$ =1+2+3+⋯+100，用程序流程图表示算法，如图 5.2 所示。

① 用 sum 存放累加和，初值为 0，i 形成被加的自然数，初值为 1；

② 累加用 sum=sum+i，形成下一个自然数用 i=i+1；

③ 如果 i<=100，则重复②，否则转④；

④ 输出 sum 中的值。

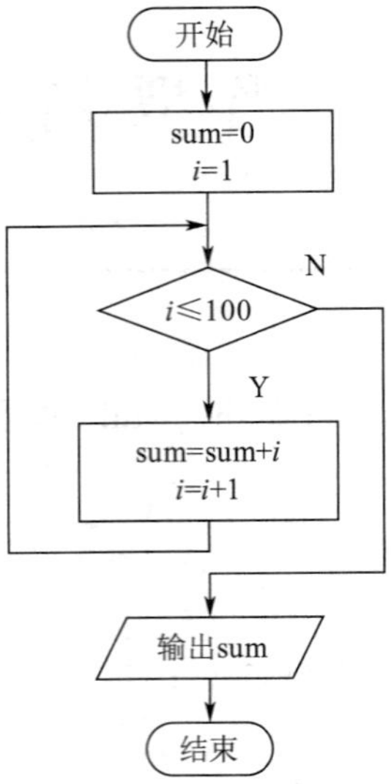

图 5.2　求 sum= $\sum_{i=1}^{100} i$ 的流程图

（2）程序设计

```
#include <stdio.h>
void main()
{
    int i,sum;                              //i 表示被加的数,sum 表示和
    sum=0;i=1;                              //sum 的初值为 0,i 的初值为 1
    while(i<=100)                           //i 小于或等于 100 时进行循环
    {
        sum=sum+i;                          //将 i 加到 sum 中
        i++;                                //i 加 1 形成下一个数
    }
    printf("1+2+3+……+100=%d\n",sum);        //输出总和
}
```

（3）程序运行

程序的运行结果为

```
1+2+3+……+100=5050
```

5.2.4　当型循环的使用注意点

当型循环即 while 循环，使用 while 循环应注意以下几点。

while 语句中的表达式一般是关系表达式或逻辑表达式，只要表达式的值为真（非 0）就继续循环。

例如，

```
#include <stdio.h>
```

```
void main(){
    int a=7;
    while ( a-- )
    printf ("%d\n",a);
}
```

本例程序将执行 7 次循环，每执行一次，*a* 值减 1，循环体输出表达式 *a* 的值。结果为“6 5 4 3 2 1 0”。

如果循环体包括一个以上的语句，必须用“{ }”括起来组成复合语句。例如，例 5.1 中循环体内的程序代码。

5.3　直到型循环

5.3.1　直到型循环的一般形式

直到型循环一般由 do…while 语句实现，do…while 语句的一般形式为

```
do
    语句;
while(表达式);
```

5.3.2　直到型循环的执行

由 do…while 语句构成的循环被称为“do…while 循环”，这是一种“直到”型循环。循环体可以是一条语句，也可以是由“{ }”括起来的多条语句。

while 后一对圆括号中的表达式称为循环条件。它可以是 C 语言中任意合法的表达式，由它来控制循环体是否继续执行。

在 if 语句、while 语句中，表达式后面都不能加分号，而在 do…while 语句的表达式后面则必须加分号。

do…while 循环语句的执行过程有以下几步。

①执行 do 后的循环体。

②计算 while 后一对圆括号内表达式的值，当值为非 0 时，转去执行步骤①；当值为 0 时，执行步骤③。

③结束循环，执行 do…while 循环之后的语句。

其执行过程如图 5.3 所示。

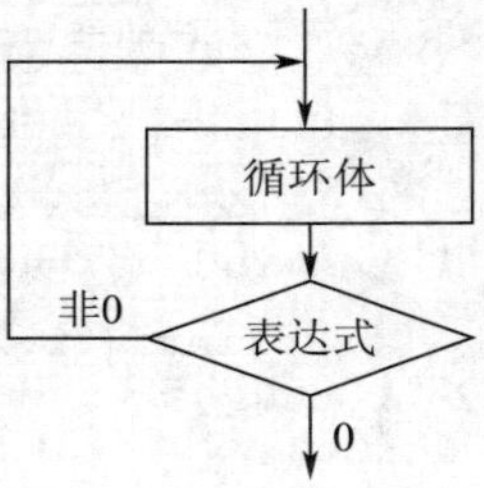

图 5.3　直到型循环的执行

5.3.3　直到型循环的使用举例

【例 5.2】 用 do…while 型循环求 sum= $\sum_{i=1}^{100} i$。

（1）算法分析

用程序流程图表示算法，如图 5.4 所示。

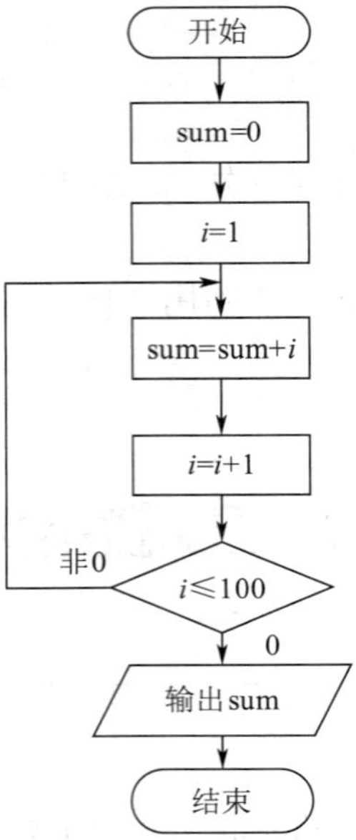

图 5.4　求 $\sum_{i=1}^{100} i$ 的流程图

（2）程序设计

```
#include <stdio.h>
void main()
{
    int i,sum;
    sum=0;i=1;
    do                                              // 执行循环体
    {
        sum=sum+i;
        i++;
    }
    while(i<=100);                                  // 当 i 小于或等于 100 时，再执行循环体
    printf("1+2+3+…+100=%d\n",sum);
}
```

同 while 循环一样，当 do…while 循环体中有多个语句时，要用“{ }”把它们括起来。

（3）程序运行

运行结果为

```
1+2+3+…+100=5050
```

5.3.4 当型循环和直到型循环的比较

试比较下列程序 1 和程序 2 的运行结果。

程序 1：

```
#include <stdio.h>
void main(){
    int sum=0,i;
    scanf("%d",&i);                     //输入 i
    while(i<=10)                        //i 小于或等于 10 时，执行循环体
    {
        sum=sum+i;
        i++;
    }
    printf("sum=%d",sum);
}
```

运行情况如下：

输入 1

```
sum=55
```

输入 11 时

```
sum=0
```

程序 2：

```
#include <stdio.h>
void main(){
    int sum=0,i;
    scanf("%d",&i);                     //输入 i
    do                                  //执行循环体
    {
        sum=sum+i;
        i++;
    }
    while(i<=10);                       //i 小于或等于 10 时，再执行循环体
    printf("sum=%d",sum);
}
```

运行情况如下：

输入 1 时

```
sum=55
```

输入 11 时

```
sum=11
```

从上述例子可以看出：当输入 *i* 的值小于 10 时，两者的结果相同；当 *i* 大于 10 时，两者的结果就不相同了。这是因为当型循环是先判断条件后执行循环体，循环体可能一次也不被执行，而直到型循环是先执行循环体后判断条件，循环体至少被执行一次。

5.4 计数型循环

5.4.1 计数型循环的一般形式

在 C 语言中，计数型循环一般是通过 for 语句实现的。for 语句使用最为灵活，它完全可以取代 while 语句或 do…while 语句。for 语句的一般形式为

```
for(表达式 1; 表达式 2; 表达式 3)
语句;
```

5.4.2 计数型循环的执行过程

1. for 语句的执行过程

①先求解表达式 1。

②求解表达式 2，若其值为真（非 0），则执行 for 语句中指定的内嵌语句，然后执行第③步，若其值为假（0），则结束循环，转到第⑤步。

③求解表达式 3。

④转回上面第②步继续执行。

⑤循环结束，执行 for 语句下面的一个语句。

2. for 语句的执行流程

for 语句的执行过程如图 5.5 表示。

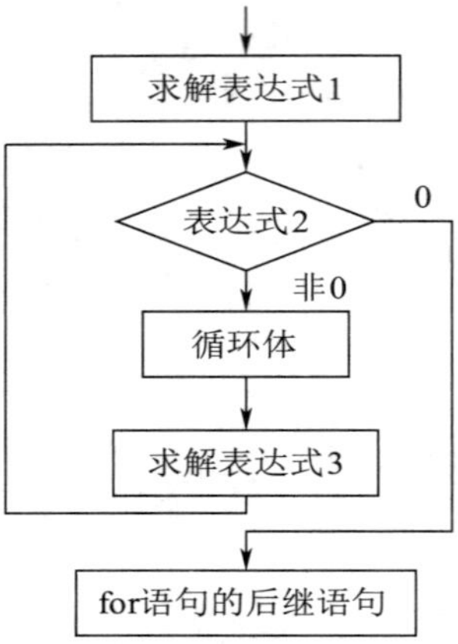

图 5.5 for 语句的执行流程

3. for 语句简单的应用形式

for 语句最简单也是最容易理解的形式如下：

```
for(循环变量赋初值；循环条件；循环变量增量)
语句；
```

循环变量赋初值总是一个赋值语句，它用来给循环控制变量赋初值；循环条件是一个关系表达式，它决定什么时候退出循环；循环变量增量，定义循环控制变量每循环一次后按什么方式变化，这 3 个部分之间用“；”分开。

例如，

```
for(i=1;i<=100;i++) sum=sum+i;
```

先给 *i* 赋初值 1，判断 *i* 是否小于等于 100？若是，则执行语句 sum=sum+*i*；之后 *i* 的值增加 1；然后再重新判断 *i* 是否小于等于 100，直到条件为假，即 *i*>100 时，结束循环。

相当于：

```
i=1;
while(i<=100)
{
    sum=sum+i;
    i++;
}
```

对于 for 循环的一般形式，等价于如下的 while 循环形式：

```
表达式 1;
while(表达式 2)
{
    语句；
    表达式 3;
}
```

前述例 5.1 用计数型循环实现如下：

```
#include <stdio.h>
void main()
{
    int i,sum;
    sum=0;
    for(i=1;i<=100;i++)
        sum=sum+i;
    printf("1+2+3+…+100=%d\n",sum);
}
```

5.4.3 计数型循环的使用注意点

1）for 循环中的“表达式 1”、“表达式 2”和“表达式 3”都是选择项，即可以省略，但“；”不能省略。

①省略“表达式 1（循环变量赋初值）”，表示不对循环控制变量赋初值，但可以在循环开始之前赋值。

②省略“表达式 2（循环条件）”，表示不做循环判断，因此就成了“死循环”，需要在循环体中加入结束循环的语句。

③省略“表达式 3（循环变量增量）”，表示不对循环控制变量进行操作，这时可在语句体中加入修改循环控制变量的语句。

④省略“表达式 1（循环变量赋初值）”和“表达式 3（循环变量增量）”，表示既不对循环控制变量赋初值，也不对循环控制变量进行操作。

⑤表达式 1、表达式 2、表达式 3 三个表达式都省略时，表示既不对循环控制变量赋初值，也不对循环条件进行判断，也不对循环控制变量进行操作。

2）表达式 1 可以是设置循环变量的初值的赋值表达式，也可以是与循环变量初值无关的其他表达式。

3）表达式 1 和表达式 3 可以是一个简单表达式也可以是逗号表达式。

4）表达式 2 一般是关系表达式或逻辑表达式，但也可以是数值表达式或字符表达式，只要其值非零，就执行循环体。

5.4.4 三种循环的比较

1. 构思循环计算方式的不同

三种循环都可以用来处理同一问题，一般情况下它们可以互相代替，不过最好根据每种循环的不同特点选择最适合的循环。

在描述循环计算时，选用哪一种循环结构编写程序，主要以算法设计的想法为依据，至少有以下三种构思循环计算的方式。

①当条件成立时循环执行某个计算，直至条件不成立时结束循环。

②循环执行某个计算，直至条件成立时结束循环。

③某个（或某些）变量从初值开始，顺序变化，对其中的每一个（或一组）值，当条件成立时，循环执行某个计算，直至条件不成立时结束循环。

2. 编写代码的不同

在 while 语句和 for 语句中，循环表达式的求值和测试在前，循环体执行在后，因此，极端情况下循环体可能一次也没有被执行；而在 do…while 语句中，循环体执行在前，循环表达式的求值和测试在后，因此，循环体至少被执行一次。

书写 do…while 语句时，最后要接上一个分号，这是句法要求，对于 while 语句和 for 语句，如果它们的循环体是一个表达式语句时，则最后也要以分号结束，但这个分号是该表达式语句的要求。

用 while 语句和 do…while 语句实现循环时，只在 while 后面指定循环条件，循环体内应包含使循环趋于结束的语句；用 for 语句实现循环时，使循环趋于结束的操作可以包含在“表达式 3”中。一般来说，由 while 语句完成的循环，用 for 语句都能完成。在 for 语句“表达式 1”中可以实现循环变量的初始化。

用 while 语句、do…while 语句实现循环时，循环变量初始化的操作应在 while 语句、do…while 语句之前完成，而 for 语句也可以在表达式 1 中实现循环变量的初始化。

5.5　循环嵌套与辅助控制

5.5.1　循环的嵌套

1. 循环嵌套的概念

例如，下面都是合法的九种形式。

```
(1) while()
    {
       …
       while()
       {…}
       …
    }

(2) for(;;)
    {
       …
       for(;;)
       {…}
       …
    }

(3) do
    {
       …
       do
       {…
       }while();
    }while();

(4) while()
    {
       …
       for(;;)
       {…}
       …
    }

(5) while()
    {
       …
       do
       {…
       }while();
    }

(6) do
    {
       …
       while()
       {…}
       …
    }while();

(7) do
    {
       …
       for(;;)
       {…}
       …
    }while();

(8) for(;;)
    {
       while ()
       {
       …
       }
    }

(9) for(;;)
    {
       …
       do
       {…}
       while();
    }
```

2. 循环嵌套的使用举例

【例 5.3】 计算 1!+2!+3!+…+n!。

（1）算法分析

本例可以使用双重循环来完成，外循环形成 i 并求阶层的和，内循环计算 $i!$。

（2）程序设计

```
#include <stdio.h>
void main()
{
    int i,j,n;float t,s;
    printf("请输入 n: ");
    scanf("%d",&n);                          // 输入 n
    s=0;                                     // 总和变量置为 0
    for(i=1;i<=n;i++){                       // 外循环，i 形成 1、2、3、…、n
        t=1;                                 // 存放阶乘的变量 t 置初值为 1
        for(j=1;j<=i;j++)                    // 内循环，j 形成 1、2、3、…、i
            t=t*j;                           // 求乘积
        s=s+t;                               // 将 i 的阶乘加到 s 中
    }
    printf("1!+2!+3!+…+%d!=%.0f\n",n,s);     // 输出总和
}
```

本例采用双重循环来实现。外循环变量 i 的取值为 1 ~ n，即外循环共要执行 n 次，每执行一次外循环，内循环变量 j 的取值为 1 ~ i，即内循环要执行 i 次。

（3）程序运行

上述程序中要特别注意两个赋初值语句“s=0;t=1;”的位置，请读者分析下述两种情况：

① 将赋值语句“s=0;”放到语句“for（i=1;i<n;i++）”之后

```
#include <stdio.h>
void main()
{
    int i,j,n;float t,s;
    printf("输入 n: ");
    scanf("%d",&n);
    for(i=1;i<=n;i++){
        s=0;                                 // 注意此语句的位置
        t=1;
        for(j=1;j<=i;j++)
            t=t*j;
        s=s+t
    }
    printf("1!+2!+3!+…+%d!=%.0f",n,s);
}
```

该程序的运行结果是求 $s=n!$。

② 将赋值语句“t=1;”放到语句“for（j=1;j<i;j++）”之后

```
#include <stdio.h>
void main()
{
    int i,j,n;float t,s;
    printf("请输入 n: ");
    scanf("%d",&n);
    s=0;
    for(i=1;i<=n;i++){

        for(j=1;j<=i;j++){
            t=1;                        //注意此语句的位置
            t=t*j;
        }
        s=s+t;
    }
    printf("1!+2!+3!+…+%d!=%.0f",n,s);
}
```

该程序的运行结果是求 $s=1+2+3+\cdots+n$。

（4）本例也可以采用单重循环实现

程序设计如下。

```
#include <stdio.h>
void main(){
    int i,j,n;float t,s;
    printf("输入 n: ");
    scanf("%d",&n);
    s=0;t=1;                    //总和变量置为 0，存放阶乘的变量 t 置初值为 1
    for(i=1;i<=n;i++){          //此处用单重循环
        t=t*i;                  //求 i 的阶乘
        s=s+t;                  //将 i 的阶乘加到 s 中
    }
    printf("1!+2!+3!+…+%d!=%.0f",n,s);
}
```

在本程序的 for 循环中，变量 t 表示 i 的阶乘，其值为上一次 t 中的值（$i-1$ 的阶乘）乘以 i。

3. 循环嵌套的使用注意点

使用循环嵌套结构时，应注意以下几方面。

①在多层循环的嵌套结构中，层次必须清楚，每层循环的功能应该明确。

②嵌套结构中，内外层循环的控制变量不能是同一个变量。

③有关变量赋初值的位置必须在对应循环的前面或 for 语句的表达式 1 中。前面的例 5.4 已经说明了这种情况。

5.5.2 循环的辅助控制

1. 中断语句 break

中断语句 break 通常用在循环结构中或由开关语句构成的多分支结构中。当 break 语句用于开关语句 switch 语句中时，可使程序跳出 switch 构成的多分支结构而执行 switch 以后的语句。break 语句在 switch 语句中的用法已在前面 4.3 中介绍开关语句时的例子中碰到，这里不再举例。

当 break 语句用于 do…while、for、while 语句中时，可使循环提前终止而执行循环后面的语句，通常 break 语句总是与 if 语句一起使用的，即满足条件时便跳出循环。例如，break 语句在 while 循环中的使用形式如下。

```
while(表达式1)
{
    ……
    if(表达式2) break;
    ……
}
```

break 语句在 do…while 循环、for 循环中的使用形式类似。break 语句在使用时应注意以下两个方面。

① break 语句只能用在三种循环结构和由开关语句构成的多分支结构中，对条件语句不起作用。

②在多层循环中，一个 break 语句只向外跳一层，即退出本层循环。

【例 5.4】 从键盘上输入多行字符并按行显示内容，在每行前显示字符串是第几行字符，遇到 Esc 键结束。

（1）算法分析

此题要求从键盘上输入字符并按行显示，初一看，只要按行输入语句就行。但仔细分析后会发现，按行输入语句不行。如用 gets() 或 scanf() 函数，则输入的内容会在屏幕上回显（输入的内容显示在屏幕上），其次，这两个函数都不能单独捕捉到 Esc 键。由于要求不要回显，所以用 getchar() 函数也不行。因此，只能用单个字符输入的函数 getch()。

getch() 实际是一个输入命令，作用是从键盘接收一个字符，并不把这个字符显示出来，也就是说，按了一个键后，它并不在屏幕上显示按的是什么，而继续运行后面的代码。

既然是按行显示，用字符输入函数 getch()，每输入一个字符，立刻在屏幕上显示出来。当接受到回车符时，转入下一行。因此，对每一行的输入要用一个循环结构，循环的控制条件就是输入的字符不为回车符，且也不是 Esc 键。当输入为回车符时，循环从头开始。程序的结束是以接受到 Esc 键为标志的，因此要在行输入的外面再增加一个循环，此循环的结束条件是输入的字符为 Esc 键。

（2）程序设计

```
#include <stdio.h>
void main()
{
   int i=0;char c;                                    //i 表示第几行，初值为 0;c 存放字符
   while(1)                                           // 设置循环
   {
      c='\0';                                         // 变量赋初值
      i++;
      printf(" 第 %d 行字符是: ",i);
      while(c!=13 && c!=27)                           // 键盘接收字符直到按回车或 Esc 键
      {
         c=getch();                                   // 从键盘输入一个字符，且不回显
         if (c!=27) printf("%c",c);
      }
      printf("\n");
      if(c==27)
         break;                                       // 判断若按 Esc 键则退出循环
   }
   printf(" 结束 \n");
}
```

（3）程序运行

```
第 1 行字符是: I am a student.
第 2 行字符是: c programming.
第 3 行字符是: That is a book.
结束
```

2. 继续语句 continue

继续语句 continue 的作用是跳过本次循环中剩余的语句而去执行下一次循环。continue 语句只能用在 for、while、do…while 的循环体中，常与 if 条件语句一起使用，用来加速循环。例如，continue 语句在 while 循环中的使用形式为

```
while( 表达式 1)
{
   ……
   if( 表达式 2) continue;
   ……
}
```

continue 语句在 do…while 循环、for 循环中的使用形式类似。

5.6 循环结构程序设计及实例

【例 5.5】 求两个正整数 m 和 n 的最大公约数和最小公倍数。

（1）算法分析

最小公倍数为两个正整数 m 和 n 的乘积除以最大公约数，所以只要求两个正整数 m 和 n 的最大公约数即可。求两个正整数 m 和 n 的最大公约数采用的是欧几里德算法，该算法的流程图如图 5.6 所示。

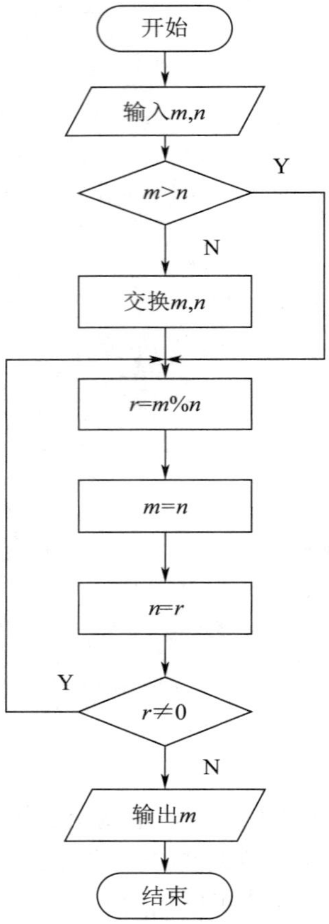

图 5.6 欧几里德算法求最大公约数的流程图

（2）程序设计

```
#include <stdio.h>
void main()
{
    int m,n,t,p,r;
    printf(" 输入两个正整数: ");
```

```
    scanf("%d,%d",&m,&n);                      // 输入两个正整数
    if(m<n) {t=m;m=n;n=t;}                     // 将m、n中的较大数放入m中，较小数放入n中
    p=m*n;                                     // 将m、n的乘积放入p中
    do                                         // 欧几理德算法求最大公约数
    {
       r=m%n;
       m=n;
       n=r;
    }
    while(r!=0);
    printf("最大公约数是：%d\n",m);                    // 最大公约数在变量m中
    printf("最小公倍数是：%d\n",p/m);
}
```

（3）程序运行

① 第一次运行结果。

输入两个正整数：24，36

最大公约数是：12

最小公倍数是：72

② 第二次运行结果。

输入两个正整数：72，36

最大公约数是：36

最小公倍数是：72

③ 第三次运行结果。

输入两个正整数：32，84

最大公约数是：4

最小公倍数是：672

④ 第四次运行结果。

输入两个正整数：15，22

最大公约数是：1

最小公倍数是：330

【例 5.6】 利用公式 $\frac{\pi}{4}\approx 1-\frac{1}{3}+\frac{1}{5}-\frac{1}{7}+\cdots$，求 π 的近似值，要求被舍去的项绝对值小于 10^{-6}。

（1）算法分析

本例中要求根据公式求 π 的近似值，由于不能事先确定公式中的项数，所以循环的次数就不能确定。用变量 s 表示整个表达式的值，变量 t 表示每一项，n 表示每一项的分母，变量 f 表示每一项的数符。用 while 语句实现循环，循环的结束条件是 t 的绝对值小于 10^{-6}，循环体实现累加用语句“s=s+t;”，形成每一项的分母用语句“n=n+2;”，形成每一项用语句“t=f*1/n;”，形成下一项的符号用语句“f=−f”。

（2）程序设计

```
#include <stdio.h>
#include <math.h>                        //包含数学函数的头函数
void main()
{
    int f;                               //f 表示每一项的符号
    float n,t,s;                         //n 表示每项的分母，t 表示每一项，s 表示表达式的值
    t=1;s=0;n=1;f=1;                     //变量设置初值
    while(fabs(t)>=1e-6)                 //当每项的值大于或等于 10^-6 时，进行循环
    {
        s=s+t;                           //将每项的值加到 s 中
        n=n+2;                           //形成下一项的分母
        f=-f;                            //形成下一项的符号
        t=f*1.0/n;                       //求下一项
    }
    s=s*4;                               //求 π 的值
    printf("π 的近似值是: %.6f\n",s);          //输出 π 的值
}
```

【例 5.7】 正三角形“*”的输出（此处列举前十行的表示程序）

```
#include <stdio.h>
void main()
{
    int i,j,k;
    for(i=0;i<10;i++)
    {
        for(j=0;j<10-i;j++)
        {
            printf(" ");
        }
        for(k=0;k<2*i+1;k++)
        {
            printf("*");
        }
    printf("\n");
}
```

习题 5

一、选择题

（1）关于“while（条件表达式）循环体”，以下叙述正确的是 ________。

A. 循环体的执行次数总是比条件表达式的执行次数多一次

B. 条件表达式的执行次数总是比循环体的执行次数多一次

C. 条件表达式的执行次数与循环体的执行次数一样

D. 条件表达式的执行次数与循环体的执行次数无关

（2）关于 do 循环体 while（条件表达式）；以下叙述中正确的是 ________。

A. 条件表达式的执行次数与循环体的执行次数无关

B. 循环体的执行次数总是比条件表达式的执行次数多一次

C. 条件表达式的执行次数总是比循环体的执行次数多一次

D. 条件表达式的执行次数与循环体的执行次数一样

（3）有以下程序

```
#include <stdio.h>
main(){
    char b,c;
    int i;
    b='a';
    c='A';
    for (i=0;i<6;i++){
        if (i%2) putchar(i+b);
        else putchar(i+c);
    }
    printf("\n");
}
```

程序运行后的输出结果是 ________。

A. abcdef　　B. ABCDEF　　C. aBcDeF　　D. AbCdEf

（4）有以下程序

```
#include <stdio.h>
main(){
    int i;
    for(i=1;i<=40;i++){
        if(i++%5==0)
        if(++i%8==0) printf("%d",i);
        }
    printf("\n");
}
```

执行后的输出结果是 ________。

A. 5　　B. 24　　C. 32　　D. 40

（5）有以下程序

```
#include <stdio.h>
main(){
    int a=1, b=2;
    for(;a<8;a++){b+=a;a+=2;}
    printf("%d,%d\n",a,b);
}
```

程序运行后的输出结果是 ________。

A. 8，11　　B. 10，14　　C. 7，11　　D. 9，18

（6）有以下程序

```
#include <stdio.h>
main(){
    int x=8;
    for(;x>0;x--){
        if(x%3){
            printf("%d,",x--);
            continue;
        }
        printf("%d,",--x);
    }
}
```

程序的运行结果是 ________。

A. 7，4，2　　B. 8，7，5，2　　C. 9，7，6，4　　D. 8，5，4，2

二、填空题

（1）有以下程序

```
#include <stdio.h>
main(){
    int a=-2,b=0;
    while (a++&&++b);
    printf("%d,%d\n",a,b);
}
```

程序运行后输出结果是 ________。

（2）有以下程序

```
#include <stdio.h>
main(){
```

```
    int a=3;
    do{
       printf("%d,",a-=2);}
       while(!(--a));
       printf("\n");
}
```

程序运行后的输出结果是 ________。

（3）有以下程序

```
#include <stdio.h>
main(){
   int i=5;
   do{
      if (i%3==1)
      if (i%5==2){
         printf("*%d",i); break;}
         i++;
      } while(i!=0);
   printf("\n");
}
```

程序的运行结果是 ________。

（4）有以下程序

```
#include <stdio.h>
main(){
   int k=5;
   while(--k) printf("%d",k -= 3);
   printf("\n");
}
```

执行后的输出结果是 ________。

（5）若变量已正确定义

```
for(x=0,y=0; (y!=99 && x<4);x++)
```

则以上 for 循环执行 ________次。

三、编写程序代码

（1）编写一个程序，求 $s=1+(1+2)+(1+2+3)+\cdots+(1+2+3+\cdots+n)$ 的值。

（2）编写一个程序，求出 200~300 之间的数，且满足条件：它们三个数字之积为 42，三个数字之和为 12。

（3）编写一个程序，求出满足下列条件的四位数，该数是个完全平方数，且第一、三位数字之和为 10, 第二、四位数字之积为 12。

第 6 章 数组与字符串

6.1 数组的引入

6.1.1 数组的基本概念

在程序设计中，为了处理方便，引入了数组这个概念。数组，是相同类型的数组成的一个组，也就是把相同类型的一系列数据统一编制到某一个组别中。

一个数组必须用一个数组名表示。数组中的每一个数据称为数组元素，数组元素用数组名加下标表示，下标表示数组元素在数组中的位置。数组元素用一个下标表示的称为一维数组，数组元素用两个下标表示的称为二维数组，数组元素用两个以上下标表示的称为多维数组。

【引例】 需要输入一个班 30 位学生的计算机考试成绩，并统计出超过平均分的学生个数。

根据上一章的学习，我们知道输入学生的考试成绩可以用循环结构，定义一个变量 m 存放学生的成绩，同时问题中需要求出平均值，如果定义和变量为 sum，那么程序代码如下：

```
int m ;
double sum;
for (i=1;i<=30;i++)
{
   scanf("% d",&m);
   sum+=m;
}
sum=sum/30;
```

那么如何找出大于平均分的学生及个数呢？这时候需要再一次的一个个输入学生的成绩再与平均分比较，因为开始输入的分数都给了变量 m，而变量 m 只能保存最后一次输入的值，那么如果需要把每一位学生的成绩都保存下来便于后程序中还需要使用，就要根据学生的个数设置相同个数的变量，这样很麻烦也不现实，这时候我们引入数组来解决数据存放和处理的问题。

6.2　一 维 数 组

6.2.1　一维数组的定义

1. 一维数组的定义

像简单的变量一样，在 C 语言中数组使用之前必须先定义。

定义方式：类型说明符　数组名 [常量表达式]

例如，

```
int a[10];                    //整型数组 a 有 10 个元素
float b[100],c[20];           //实型数组 b 有 100 个元素，实型数组 c 有 20 个元素
```

2. 数组定义时的注意点

① 所有数组中数组元素的下标最小值都为 0，下标最大值为数组定义时方括号中常量表达式的值减 1。

② 对于同一个数组，其所有元素的数据类型都是相同的。

③ 数组名的命名规则应该符合标识符的规定。

④ 数组名不能与其他变量名相同。

例如，

```
void main()
{
    int a;
    float a[10];
    ……
}
```

这种定义是错误的。

⑤ 方括号中常量表达式表示数组元素的个数，常量表达式通常为一个数值常量，也可以为数字表达式，如：int a[2+3] 表示数组 a 有 5 个元素，这 5 个元素分别为 a[0]，a[1]，a[2]，a[3]，a[4]。

⑥ 数组定义时不能在方括号中用变量来表示元素的个数，但是可以是符号常数或常量

表达式。

例如，

```
#define N 5
void main()
{
    int a[3+2],b[7+N];
    ……
}
```

这种定义是合法的。

但是下述说明方式是错误的。

```
void main()
{
    int n=5;
    int a[n];
    ……
}
```

⑦ 允许在同一个定义语句中，说明多个数组和多个变量。

例如，

```
int a,b,c,d,k1[10],k2[20];
```

6.2.2 一维数组元素的引用

一维数组元素的一般形式为：数组名 [下标]
其中，下标只能为整型常量或整型表达式。如果为实数时，则 C 编译将自动取整。

例如，a[5]，a[i+j]，a[i++] 都是合法的数组元素。

在 C 语言中必须先定义数组，然后才能使用该数组的下标变量，且只能单个或逐个使用下标变量，而不能一次引用整个数组。

例如，要输出有 10 个元素的数组必须使用循环语句逐个输出各下标变量：

```
for(i=0;i<10;i++)
    printf("%d",a[i]);
```

而不能用一个语句输出整个数组。下面的写法是错误的：

```
printf("%d",a);
```

【例 6.1】 从键盘输入 10 个整数，并将超过平均值的数打印出来。

（1）问题分析

首先利用循环和数组将输入的数据存储起来，并求所有数据的和，然后再用循环输出超过平均值的各个数据。

（2）程序设计

```
#include <stdio.h>
void main()
{
    int i,s,av,a[10];
    s=0;
    for(i=0;i<10;i++)                              //数组数据输入，并求和
    {
        scanf("%d",&a[i]);
        s=s+a[i];
    }
    av=s/10;                                       //求平均值
    for(i=0;i<10;i++)                              //数组元素超过平均值时，输出
    {
        if(a[i]>av)
            printf("%d ",a[i]);
    }
    printf("\n");
}
```

6.2.3　一维数组的初始化

1. 一维数组的初始化

给数组赋值的方法除了用赋值语句对数组元素逐个赋值外，还可采用初始化赋值和动态赋值的方法。

数组的初始化是指在数组定义时给数组元素赋予初值，数组初始化是在编译阶段进行的，这样将减少运行时间，提高效率。

2. 一维数组初始化的一般形式

类型说明符　数组名 [常量表达式]={ 值 1，值 2，……，值 n}；
其中，在“{ }”中的各数据值即为各元素的初值，各值之间用逗号间隔。
例如，

```
int a[10]={0,1,2,3,4,5,6,7,8,9};
```

相当于：

```
int a[10];a[0]=0;a[1]=1;…;a[9]=9;
```

3. 一维数组初始化的规定

① 可以只给部分元素赋初值。
当“{ }”中值的个数少于元素个数时，只给前面部分元素赋初值。
例如，

```
int a[10]={0,1,2,3,4};
```

表示只给 a[0] ~ a[4]，这 5 个元素赋初值，后面的 a[5] ~ a[9]，这 5 个元素自动赋以 0 值。

② 只能给元素逐个赋初值，不能给数组整体赋初值。

例如，给 10 个元素全部赋 1 值，只能写为

```
int a[10]={1,1,1,1,1,1,1,1,1,1};
```

而不能写为

```
int a[10]=1;
```

③ 如果给全部元素赋初值，则在数组说明中，可以不给出数组元素的个数。

例如，

```
int a[5]={1,2,3,4,5};
```

可写为

```
int a[]={1,2,3,4,5};
```

6.2.4 一维数组的输入输出

1. 一维数组的输入

可以在程序执行过程中，对一维数组作动态输入，这时可用单重循环配合 scanf() 函数逐个输入一维数组元素的值。

2. 一维数组的输出

在程序执行过程中，有时要输出一维数组中所有元素，这时可用单重循环结构配合 printf() 函数逐个输出一维数组元素的值。

【例 6.2】 输入 10 个数据，求其中的最大数及其位置。

（1）问题分析

本例程序中用数组 a 存放 10 个数，变量 max 存放最大值，变量 *p* 存放最大值的位置。先输入 10 个数到数组 a 中，然后把 a[0] 作为最大数送入 max 中，将 1 送到 *p* 中；再将 a[1] 到 a[9] 逐个与 max 中的内容比较，若比 max 的值大，则把该下标变量的值及下标加 1 送入 max 和 *p* 中。因此 max 总是在已比较过的下标变量中为最大者，*p* 为最大值的位置。比较结束时，输出 max 和 *p* 的值。

（2）程序设计

```
#include <stdio.h>
void main()
{
    int i,max,p,a[10];
    printf("请输入 10 个数：");
    for(i=0;i<10;i++)                              //数组数据输入
```

```
        scanf("%d",&a[i]);
    for(i=0;i<10;i++)                          //数组数据输出
        printf("%d",a[i]);
    printf("\n");
    max=a[0];                                  //将数组中的第一个元素作为最大数
    p=1;                                       //最大数的位置为 1
    for(i=1;i<10;i++)
        if(a[i]>max)                           //数组中的元素 a[i] 大于 max 时
        {
            max=a[i];                          //将元素 a[i] 存入 max 中
            p=i+1;                             //最大数的位置为 i+1
        }
    printf("最大数是：%d，它的位置是：%d\n",max,p);
}
```

本例程序中第 1 个 for 语句逐个输入 10 个数到数组 a 中，然后把 a[0] 作为最大数送入 max 中；第 2 个 for 语句将数组 a 中的 10 个数逐个输出，在第 3 个 for 语句中，将 a[1] ~ a[9] 逐个与 max 中的内容比较，若比 max 的值大，则把该下标变量的值送入 max 中。因此，max 总是在已比较过的下标变量中为最大者。比较结束时，输出 max 的值。

6.3　二维数组

6.3.1　二维数组的定义

二维数组定义的一般形式为

```
类型说明符 数组名[常量表达式1][常量表达式2];
```

其中，常量表达式 1 表示第一维下标的长度，也就是行数，常量表达式 2 表示第二维下标的长度，也就是列数。

例如，

```
int a[3][4];
```

定义了一个三行四列的数组，数组名为 a，其下标变量的类型为整型。该数组的下标变量共有 3×4 个，即：

```
a[0][0],a[0][1],a[0][2],a[0][3]
a[1][0],a[1][1],a[1][2],a[1][3]
a[2][0],a[2][1],a[2][2],a[2][3]
```

二维数组在概念上是二维的，就是说其下标在两个方向上变化，下标变量在数组中的位置也处于一个平面之中，而不是像一维数组只是一个向量。但是，实际的硬件存储器却是连续编址的，也就是说存储器的存储单元是按一维线性排列的。在一维存储器中存放二维数组，有两种方式，一种是按行排列，即放完一行之后顺次放入第二行……；另一种是按列排列，即放完一列之后再顺次放入第二列……

6.3.2 二维数组的引用

二维数组的元素也称为双下标变量，其表示的形式为：数组名 [下标][下标]

其中，下标应为整型常量或整型表达式，第一个下标表示数组元素所在的行，第 2 个下标表示数组元素所在的列。

例如，a[2][3] 表示数组 a 的第 2 行第 3 列的元素。

下标变量和数组定义在形式中有些相似，但这两者具有完全不同的含义。数组定义的方括号中给出的是某一维的长度，即可取下标的最大值减 1，而数组元素中的下标是该元素在数组中的位置标识。前者只能是常量，后者可以是常量、变量或表达式。

6.3.3 二维数组的初始化

（1）二维数组初始化的方法

二维数组初始化也是在类型说明时给各数组元素赋以初值。二维数组可按行分段赋值，也可按行连续赋值。如对数组 a[5][3] 进行初始化。

① 按行分段赋值

```
int a[5][3]={{80,75,92},{61,65,71},{59,63,70},{85,87,90},{76,77,85}};
```

② 按行连续赋值

```
int a[5][3]={80,75,92,61,65,71,59,63,70,85,87,90,76,77,85};
```

这两种赋初值的结果是完全相同的。

（2）二维数组初始化赋值的说明

① 可以只对部分元素赋初值，未赋初值的元素自动取 0 值。

例如，

```
int a[3][3]={{1},{2},{3}};
```

对每一行的第一列元素赋值，未赋值的元素取 0 值。赋值后各元素的值为

```
1  0  0
2  0  0
3  0  0
```

```
int a [3][3]={{0,1},{0,0,2},{3}};
```

赋值后的元素值为

```
0  1  0
0  0  2
3  0  0
```

② 如果对全部元素赋初值，则第一维的长度可以不给出。

例如，

```
int a[3][3]={1,2,3,4,5,6,7,8,9};
```

可以写为

```
int a[][3]={1,2,3,4,5,6,7,8,9};
```

6.3.4　二维数组的输入输出

1. 二维数组的输入

同一维数组类似，也可以在程序执行过程中，对二维数组作动态输入，这时可用双重循环配合 scanf() 函数逐个输入二维数组元素的值。

2. 二维数组的输出

同一维数组类似，也可以在程序执行过程中，输出二维数组中的所有元素，这时可用双重循环结构配合 printf() 函数逐个输出二维数组元素的值。

【例 6.3】 一个学习小组有 5 位学生，每位学生有 3 门课程的考试成绩，如表 6.1 所示，求每位学生的平均成绩。

表 6.1　小组的学生成绩

课程 姓名	高等数学	大学物理	程序设计
张明	80	78	90
王浩	66	71	79
李琴	85	88	92
赵飞	77	86	90
周正	68	81	79

（1）问题分析

设用一个二维数组 a[5][3] 存放 5 位学生 3 门课的成绩，再用一个一维数组 b[5] 存放所求得的每位学生的平均成绩。

（2）程序设计

```
#include <stdio.h>
void main()
{
    int i,j,s,b[5],a[5][3];                    //数组与变量的定义
    printf("请输入学生的成绩：\n");
    for(i=0;i<5;i++)
```

```
        {
            s=0;
            for(j=0;j<3;j++)
            {
                scanf("%d",&a[i][j]);                    //二维数组数据的输入，5 行 3 列
                s=s+a[i][j];                             //求二维数组每行元素之和
            }
            b[i]=s/3.0;                                  //求二维数组每行元素的平均值
        }
        for(i=0;i<5;i++)                                 //二维数组数据的输出，按 5 行 4 列格式
        {
            for(j=0;j<3;j++)
                printf("%d    ",a[i][j]);
            printf("%d\n",b[i]);
        }
    }
```

本例程序中用了一个双重循环。在内循环中依次读入某一名学生的 3 门课程的成绩，并把这些成绩累加起来，退出内循环后再把该累加成绩除以 3 送入 b[i] 之中，这就是该生的平均成绩。外循环共循环 5 次，分别求出 5 位学生各自的平均成绩并存放在 b 数组之中。

当然，本例也可以定义一个二维数组 a[5][4]，程序设计如下。

```
#include <stdio.h>
void main()
{
    int i,j,s,a[5][4];                                   //数组与变量的定义
    printf("请输入学生的成绩：\n");
    for(i=0;i<5;i++)                                     //学生成绩数组的输入
    {
        s=0;
        for(j=0;j<3;j++)
        {
            scanf("%d",&a[i][j]);
            s=s+a[i][j];
        }
        a[i][3]=s/3.0;
    }
    for(i=0;i<5;i++)                                     //二维数组的输出
    {
        for(j=0;j<4;j++)
        printf("%d    ",a[i][j]);
        printf("\n");
    }
}
```

6.3.4 特殊的一维数组

数组是一种构造类型的数据，二维数组可以看作是由一维数组的嵌套而构成的。设一维数组的每个元素都又是一个数组，就组成了二维数组。当然，前提是各元素类型必须相同。根据这样的分析，一个二维数组也可以分解为多个一维数组。C 语言允许这种分解。

例如，前述的二维数组 a[3][4]，可分解为三个一维数组，这三个一维数组的数组名分别为 a[0]、a[1]、a[2]，且对这三个一维数组不需要另作说明即可使用。每一个一维数组都有 4 个元素。

```
a[0] →a[0][0],a[0][1],a[0][2],a[0][3]
a[1] →a[1][0],a[1][1],a[1][2],a[1][3]
a[2] →a[2][0],a[2][1],a[2][2],a[2][3]
```

必须强调的是 a[0]，a[1]，a[2] 不能当作下标变量使用，它们是数组名，不是一个单纯的下标变量。

6.4　字符串及其处理

6.4.1 字符串及其结束标志

字符串是用双引号 """ 作为定界符的一个字符序列，如 "a"、"C program" 等。在 C 语言中没有专门的字符串变量，通常用一个字符数组来存放一个字符串。前面介绍字符串常量时，已说明字符串总是以 '\0' 作为串的结束符。因此，当把一个字符串存入一个数组时，也把结束符 '\0' 存入数组，并以此作为该字符串是否结束的标志。有了 '\0' 标志后，就不必再用字符数组的长度来判断字符串的长度了。

C 语言允许用字符串的方式对数组作初始化赋值。

例如，char c[]={'c', ' ', 'p', 'r', 'o', 'g', 'r', 'a', 'm', '\0'}；
可写为“char c[]={"C program"}；”或去掉“{}”写为“char c[]="C program"；”。

数组 c 在内存中的实际存放情况如图 6.1 所示。

C		p	r	o	g	r	a	m	\0

图 6.1　字符串在内存中的实际存放情况

'\0' 是由 C 编译系统自动加上的，由于采用了 '\0' 标志，所以在用字符串赋初值时一般无须指定数组的长度，而由系统自行处理。

6.4.2 字符串的输入输出

字符数组的输入输出可以有以下两种方法，一种方法是用“%c”格式符将字符逐个输入或输出；另一种方法是用“%s”格式符，将整个字符串一次性输入或输出。

在采用字符串方式后，字符数组的输入输出将变得简单方便。除了上述用字符串赋初值的办法外，还可用 printf() 函数和 scanf() 函数一次性输入输出一个字符数组中的字符串，而不必使用循环结构逐个地输入输出每个字符。例如，

```
#include <stdio.h>
void main()
{
    char ch[]="c program.";                  // 定义字符数组，并赋值字符串
    printf("%s\n",ch);                       // 输出字符串
}
```

注意：在本例的 printf() 函数中，使用的格式字符串为“%s”，表示输出的是一个字符串。而在输出表列中给出数组名则可，不能写为 `printf("%s",ch[]);`

例如，

```
#include <stdio.h>
void main()
{
    char st[15];                             // 定义字符数组
    printf("请输入一个字符串：\n");
    scanf("%s",st);                          // 输入字符串
    printf("%s\n",st);                       // 输出字符串
}
```

6.4.3 常用字符串处理函数

C 语言提供了丰富的字符串处理函数，大致可分为字符串的输入、输出、合并、修改、比较、转换、复制、搜索几类，使用这些函数可大大减轻编程的负担。用于输入输出的字符串函数，在使用前应包含头文件 <stdio.h>，使用其他字符串函数则应包含头文件 <string.h>。

1. 字符串输出函数 puts()

格式：puts（字符数组名）

功能：把字符数组中的字符串输出到显示器，即在屏幕上显示该字符串。

例如，

```
#include <stdio.h>
void main()
{
```

```
    char c[]="BASIC\nVC++6.0";                    // 定义字符数组，并赋值字符串
    puts(c);                                      // 输出字符数组
}
```

程序运行结果：

```
BASIC
VC++6.0
```

从程序中可以看出 puts() 函数中可以使用转义字符，因此输出结果为两行。puts() 函数完全可以由 printf() 函数取代。当需要按一定格式输出时，通常使用 printf() 函数。

2. 字符串输入函数 gets()

格式：gets（字符数组名）

功能：从标准输入设备键盘上输入一个字符串。本函数得到一个函数值，即为该字符数组的首地址。

例如，

```
#include <stdio.h>
void main()
{
    char st[15];                                  // 定义字符数组
    printf("请输入一个字符串：");
    gets(st);                                     // 输入字符数组
    puts(st);                                     // 输出字符数组
}
```

程序的运行结果：

```
请输入一个字符串：
I am a student.
I am a student.
```

可以看出当输入的字符串中含有空格时，输出仍为全部字符串。说明 gets() 函数并不以空格作为字符串输入结束的标志，而只以回车作为输入结束，这与 scanf() 函数是不同的。

3. 字符串连接函数 strcat()

格式：strcat（字符数组名 1，字符数组名 2）

功能：把字符数组 2 中的字符串连接到字符数组 1 中字符串的后面，并删去字符串 1 后的串标志 '\0'。本函数返回值是字符数组 1 的首地址。

例如，

```
#include <stdio.h>
#include <string.h>                               // 使用字符串函数的头函数
void main()
{
```

```
    char st1[30]="我的名字是：";                  //定义字符数组st1，并赋值字符串
    char st2[10];                                 //定义字符数组st2
    printf("请输入你的姓名：");
    gets(st2);                                    //输入字符数组st2
    strcat(st1,st2);                              //将字符数组st2连接到字符数组st1中
    puts(st1);                                    //输出字符数组st1
}
```

程序的运行结果：

```
请输入你的姓名：李明
我的名字是：李明
```

本程序把初始化赋值的字符数组st1与动态赋值的数组st2连接起来。

注意： 字符数组1应定义足够的长度，否则不能全部装入被连接的字符串。

4. 字符串拷贝函数strcpy()

格式：strcpy（字符数组名1，字符数组名2）

功能：把字符数组2中的字符串拷贝到字符数组1中。字符串结束标志“\0”也一同拷贝。字符数组名2也可以是一个字符串常量，这时相当于把一个字符串赋予为一个字符数组。

例如，

```
#include <stdio.h>
#include <string.h>                       //使用字符串函数的头函数
void main()
{
    char st1[15],st2[]="C Language";
    strcpy(st1,st2);                      //将字符数组st2中的字符复制到字符数组st1
    puts(st1);
    printf("\n");
}
```

程序的运行结果：

```
C Language
```

注意： 本函数要求字符数组1应有足够的长度，否则不能全部装入所拷贝的字符串。

5. 字符串比较函数strcmp()

格式：strcmp（字符数组名1，字符数组名2）

功能：按照ASCII码值顺序比较两个字符数组中的字符，并由函数返回值返回比较结果。

字符串比较规则：

将两个字符串中的字符从左到右逐个比较ASCII码值的大小，如果遇到字符的ASCII值大，则对应那个字符串就大；如果两个字符串完全相同，则这两个字符串就相等。例如，“A” < “B”、“a” > “A”、“ABC” > “AB”、“this” > “that”、“123” < “ab”等。

字符串比较的结果由函数值带回：

①字符串 1= 字符串 2，返回值 =0；

②字符串 1> 字符串 2，返回值 >0；

③字符串 1< 字符串 2，返回值 <0。

本函数也可用于比较两个字符串常量，或比较字符数组和字符串常量。

例如，

```
#include <stdio.h>
#include <string.h>
void main()
{
    int k;
    char st1[15],st2[]="C Language";
    printf(" 请输入一个字符串：");
    gets(st1);
    k=strcmp(st1,st2);                    // 将字符数组 st1 与 st2 中的字符进行比较
    if(k==0) printf("st1=st2\n");         // 比较结果为 0 时，两个字符串相等
    if(k>0) printf("st1>st2\n");          // 比较结果大于 0 时，st1>st2
    if(k<0) printf("st1<st2\n");          // 比较结果小于 0 时，st1<st2
}
```

程序的运行结果：

```
请输入一个字符串：
BASIC Langeage
st1<st2
```

本程序把输入的字符串和数组 st2 中的字符比较，比较结果返回到 *k* 中，根据 *k* 值再输出结果提示信息。当输入为 BASIC Langeage 时，由字符串比较结果知，“BASIC Langeag”小于“C Language”，故 *k*<0，输出结果“st1<st2”。

6. 求字符串长度函数 strlen()

格式：strlen（字符数组名）

功能：求字符串的实际长度（不含字符串结束标志 '\0'），并作为函数返回值。

例如，

```
#include <stdio.h>
#include <string.h>
void main()
{
    int k;
    char st[]="C 语言程序设计 ";
    k=strlen(st);               // 求字符串的长度，一个汉字的长度为 2，不含结束标志
    printf(" 字符串的长度是：%d\n",k);
}
```

程序的运行结果：

```
字符串的长度是 :13
```

7. 转换大写字母为小写字母函数 strlwr()

格式：strlwr（字符数组名）
功能：将字符串中的大写字母转换为小写字母。
例如，

```
printf("%s\n",strlwr("This is a BOOK."));
```

结果为：this is a book.

8. 转换小写字母为大写字母函数 strupr()

格式：strupr（字符数组名）
功能：将字符串中的小写字母转换为大写字母。
例如，

```
printf("%s\n",strupr("This is a book."));
```

结果为：THIS IS A BOOK.
对上述常用字符串处理函数进行总结，如表 6.3 所示。

表 6.3 常用字符串处理函数

函数名	一般形式	作 用
puts	puts（字符数组）	将一个字符串（以 '\0' 结束的字符序列）输出到终端
gets	gets（字符数组）	从终端输入一个字符串到字符数组，并且得到一个函数值，该函数值是字符数组的起始地址
strcat	strcat（字符数组 1，字符数组 2）	连接两个字符数组中的字符串，把字符串 2 接到字符串 1 的后面，结果放在字符数组 1 中
strcpy	strcpy（字符数组 1，字符串 2）	将字符串 2 复制到字符数组 1 中去
strcmp	strcmp（字符串 1，字符串 2）	作用是比较字符串 1 和字符串 2。比较的结果由函数值带回 ③字符串 1= 字符串 2，函数值为 0 ③字符串 1> 字符串 2，函数值为一正整数 ③字符串 1< 字符串 2，函数值为一负整数
strlen	strlen（字符数组）	测试字符串长度的函数。函数的值为字符串中的实际长度（不包括 '\0' 在内）
strlwr	strlwr（字符串）	将字符串中大写字母换成小写字母
Strupr	strupr（字符串）	将字符串中小写字母换成大写字母

6.5　数组与字符串程序设计及实例

【例 6.4】 采用顺序查找法在任意给定的 10 数中找出要查找的数。

（1）算法分析

首先从键盘输入一个要查找的数，然后将数组中每一个数依次与要查找的数进行比较，如果相等，则表明已经找到，找到时就退出循环；如果所有数与要查找的数都不相等，则说明要查找的数不存在。

（2）程序设计

```
#include <stdio.h>
#define N 10
void main()
{
    int a[N],i,x;
    printf("请输入 10 个数据：\n");
    for(i=0;i<N;i++)   //输入数组中的数据，输入前给出提示
    {
        printf("第 %d 个数据：",i+1);
        scanf("%d",&a[i]);
    }
    printf("\n\n");
    printf("请输入要查找的数：\n");
    scanf("%d",&x);                         //输入要查找的数
    for(i=0;i<N;i++)                        //将数组中的数据逐个与要找的数进行比较
        if(x==a[i])
        break;                              //找到时，结束查找
    if(i<N)                                 //i<N 时，说明是找到了，在循环体内跳出的
        printf("要查找的数是：a[%d]=%d\n",i,x);
    else                                    //i>=N 时，说明整个数组中没有等于要找的数
    printf("要查找的数 %d 不存在！\n",x);
}
```

【例 6.5】 采用选择排序法将任意给定的 10 个数按从小到大的顺序排列。

（1）算法分析

设已经在数组 a 中输入了 10 个整数，数组元素分别为 a[0]，a[1]，…，a[9]，且数组中的 10 个数据为 6，12，8，2，5，4，7，11，10，9。

第一轮：把 a[0] 依次与 a[1] ~ a[9] 中的数比较，如果 a[0] 大，则进行交换；

第二轮：把 a[1] 依次与 a[2] ~ a[9] 中的数比较，如果 a[1] 大，则进行交换；

第三轮：把 a[2] 依次与 a[3] ~ a[9] 中的数比较，如果 a[2] 大，则进行交换；

第四轮：把 a[3] 依次与 a[4] ~ a[9] 中的数比较，如果 a[3] 大，则进行交换；

第五轮：把 a[4] 依次与 a[5] ~ a[9] 中的数比较，如果 a[4] 大，则进行交换；
第六轮：把 a[5] 依次与 a[6] ~ a[9] 中的数比较，如果 a[5] 大，则进行交换；
第七轮：把 a[6] 依次与 a[7] ~ a[9] 中的数比较，如果 a[6] 大，则进行交换；
第八轮：把 a[7] 依次与 a[8] ~ a[9] 中的数比较，如果 a[7] 大，则进行交换；
第九轮：把 a[8] 与 a[9] 中的数比较，如果 a[8] 大，则进行交换。

处理过程如下所示：

初始数据：6，12，8，2，5，4，7，11，10，9
第一轮后结果：2，12，8，6，5，4，7，11，10，9
第二轮后结果：2，4，12，6，8，5，7，11，10，9
第三轮后结果：2，4，5，12，8，6，7，11，10，9
第四轮后结果：2，4，5，6，12，8，7，11，10，9
第五轮后结果：2，4，5，6，7，12，8，11，10，9
第六轮后结果：2，4，5，6，7，8，12，11，10，9
第七轮后结果：2，4，5，6，7，8，9，12，11，10
第八轮后结果：2，4，5，6，7，8，9，10，12，11
第九轮后结果：2，4，5，6，7，8，9，10，11，12

（2）程序设计

```
#include <stdio.h>
void main()
{
    int a[10],i,j,t;
    printf("请输入10个数：\n");
    for(i=0;i<10;i++)                       //输入数组中的10个数据
       scanf("%d",&a[i]);
    printf("\n");
    for(i=0;i<9;i++)                        //外循环，表示轮数，i从0变化到8
       for(j=i+1;j<10;j++)                  //内循环，表示比较的次数，j从i+1变化到9
          if(a[i]>a[j]){                    //前面大后面小时，交换
              t=a[i];a[i]=a[j];a[j]=t;
          }
    printf("排序好的10个数：\n");
    for(i=0;i<10;i++)                       //输出排序后的结果
       printf("%d ",a[i]);
    printf("\n");
}
```

（3）改进的选择排序算法

由于选择法排序存在经常需要交换数据的情况，所以效率不够高。改进的选择法排序算法如下。

① 通过 $n-1$ 次比较，从 n 个数中找出最小数的位置，然后将该位置上的数与第 1 个数交换——第一轮选择排序，结果最小的数被放置在第一个元素的位置上。

② 通过 $n-2$ 次比较，从剩余的 $n-1$ 个数中再找出最小数的位置，然后将该位置上的数与剩余数中的第一个数交换——第二轮选择排序，结果次小的数被放置在第二个元素的位置上。

③ 重复上述过程，共经过 $n-1$ 轮排序后，排序结束。

处理过程如下所示：

设初始数据为：6，12，8，2，5，4，7，11，10，9
第一轮后结果：2，12，8，6，5，4，7，11，10，9
第二轮后结果：2，4，8，6，5，12，7，11，10，9
第三轮后结果：2，4，5，6，8，12，7，11，10，9
第四轮后结果：2，4，5，6，8，12，7，11，10，9
第五轮后结果：2，4，5，6，7，12，8，11，10，9
第六轮后结果：2，4，5，6，7，8，12，11，10，9
第七轮后结果：2，4，5，6，7，8，9，11，10，12
第八轮后结果：2，4，5，6，7，8，9，10，11，12
第九轮后结果：2，4，5，6，7，8，9，10，11，12

（4）改进的选择法排序程序设计

```
#include <stdio.h>
void main()
{
    int a[10],i,j,p,t;
    printf("请输入10个数：\n");
    for(i=0;i<10;i++)                     //输入数组中的10个数据
        scanf("%d",&a[i]);
    printf("\n");
    for(i=0;i<9;i++){                     //外循环，表示轮数，i从0变化到8
        p=i;                              // p指向第i个数
        for(j=i+1;j<10;j++)               //内循环，表示比较的次数，j从i+1变化到9
            if(a[j]<a[p])
                p=j;                      //第j个数小于p指的数时，p向第j个数
        if(i!=p){                         // p的值变化时，交换
            t=a[i];a[i]=a[p];a[p]=t;
        }
    }
    printf("排序好的10个数：\n");
    for(i=0;i<10;i++)                     //输出排序后的结果
        printf("%d ",a[i]);
    printf("\n");
}
```

本例程序中用了两个并列的 for 循环语句，在第二个 for 语句中又嵌套了一个循环语句。第一个 for 语句用于输入 10 个元素的初值，第二个 for 语句用于排序，这里的排序采用逐个比较的方法进行。在 i 次循环时，先把第一个元素的下标 i 赋于 p，然后进入内循环，下标从 $i+1$ 起到最后一个止的 a[j] 逐个与 a[i] 作比较，有比 a[i] 小者则将其下标送入 p，一次循

环结束后，p 即为最小元素的下标。若此时 $i \neq p$，说明 p 值已不是进入小循环之前所赋之值，则交换 a[i] 和 a[p] 的值，此时 a[i] 为已排序完毕的元素。输出该值之后转入下一次循环，对 i+1 以后各个元素排序。

【例 6.6】 采用冒泡法排序将任意给定的 10 个数按从小到大的顺序排列。

（1）算法分析

设已经在数组 a 中输入了 10 个整数，数组元素分别为 a[0]，a[1]，……，a[9]。

① 比较第一个数与第二个数，若为逆序 a[0]>a[1]，则交换；然后比较第二个数与第三个数；依次类推，直至第 n−1 个数和第 n 个数比较为止——第一轮冒泡排序，结果最大的数被安置在最后一个元素位置上。

② 对前 n−1 个数进行第二轮冒泡排序，结果使次大的数被放置在第 n−1 个元素位置。

③ 重复上述过程，共经过 n−1 轮冒泡排序后，排序结束。

设初始数据：6，12，8，2，5，4，7，11，10，9

第一轮后结果：6，8，2，5，4，7，11，10，9，12

第二轮后结果：6，2，5，4，7，8，10，9，11，12

第三轮后结果：2，5，4，6，7，8，9，10，11，12

第四轮后结果：2，4，5，6，7，8，9，10，11，12

第五轮后结果：2，4，5，6，7，8，9，10，11，12

第六轮后结果：2，4，5，6，7，8，9，10，11，12

第七轮后结果：2，4，5，6，7，8，9，10，11，12

第八轮后结果：2，4，5，6，7，8，9，10，11，12

第九轮后结果：2，4，5，6，7，8，9，10，11，12

（2）程序设计

```
#include <stdio.h>
void main()
{
   int a[10],i,j,t;
   printf("请输入 10 个数：\n");
   for(i=0;i<10;i++)                    //输入数组中的 10 个数据
      scanf("%d",&a[i]);
   printf("\n");
   for(i=0;i<9;i++)                     //外循环，表示轮数，i 从 0 变化到 8
      for(j=0;j<9-i;j++)                //内循环，表示比较的次数，j 从 0 变化到 8-i
         if(a[j]>a[j+1]){               //相邻的两个数比较
            t=a[j];a[j]=a[j+1];a[j+1]=t;          //前面大后面小时，交换
         }
   printf("排序好的 10 个数：\n");
   for(i=0;i<10;i++)                              //输出排序后的结果
      printf("%d ",a[i]);
   printf("\n");
}
```

（3）改进的冒泡法排序程序设计

从本例的数据处理过程可以发现，到了第四轮排序时，数据排序实际上已经完成，所

以第四轮后面的循环可以不做。对此，在每一轮排序前，先将标志变量*f*置为0，若在一轮排序中有数据交换，则将标志变量置为1。待一轮排序结束后，再来判断标志变量*f*，如果标志变量为1，则继续下一次循环进行下一轮排序，如果标志变量为0，则跳出循环而结束排序。改进的冒泡法排序程序设计代码如下。

```
#include <stdio.h>
void main()
{
   int a[10],i,j,t,f;
   printf("请输入10个数:\n");
   for(i=0;i<10;i++)
      scanf("%d",&a[i]);
   printf("\n");
   for(i=0;i<9;i++)
   {
      f=0;                                         //设置交换标志为0
      for(j=0;j<9-i;j++)
         if(a[j]>a[j+1]){
            f=1;t=a[j];a[j]=a[j+1];a[j+1]=t;       //交换时,设标志为1
         }
         if(f==0) break;                  //若在某轮处理中没有交换,则退出循环
   }
   printf("排序好的10个数:\n");
   for(i=0;i<10;i++)
      printf("%d ",a[i]);
   printf("\n");
}
```

习题6

一、选择题

（1）若要求定义具有10个int型元素的一维数组a，则以下定义语句中错误的是________。

A. `int a[5+5];`

B. `#define n`
`int a [2*n];`

C. `int n=10,a[n];`

D. `#define N 10`
`int a[N];`

（2）有以下程序

```
#include <stdio.h>
main()
{
   char s[]="012xy\08s34f4w2";
```

```
    int i,n=0;
    for (i=0;s[i]!=0;i++)
        if(s[i]>='0'&& s[i]<='9') n++;
    printf("%d\n",n);
}
```

程序运行后的输出结果是 ________。

A. 0　　B. 3　　C. 7　　D. 8

（3）以下数组定义中错误的是 ________。

A. int x[2][3]={{1,2},{3,4},{5,6}};　　B. int x[][3]={0};

C. int x[][3]={{1,2,3},{4,5,6}};　　D. int x[2][3]={1,2,3,4,5,6};

（4）设有定义“int x[2][3];”则以下关于二维数组 x 的叙述错误的是 ________。

A. x[0] 和 x[1] 是数组名，分别代表一个地址常量

B. 数组 x 可以看作是由 x[0] 和 x[1] 两个元素组成的一维数组

C. 元素 x[0] 可看作是由三个整型元素组成的一维数组

D. 可以用 x[0]=0; 的形式为数组所有元素赋初值 0

（5）有以下程序

```
#include <stdio.h>
main()
{
    int x[3][2]={0},i;
    for(i=0;i<3;i++) scanf("%d",x[i]);
    printf("%3d%3d%3d\n",x[0][0],x[0][1],x[1][0]);
}
```

若运行时输入 2 4 6< 回车 >，则输出结果为 ________。

A. 2 0 0　　B. 2 0 4　　C. 2 4 0　　D. 2 4 6

（6）下列叙述中正确的是 ________。

A. 两个连续的单引号（‘’）是合法的字符常量

B. 两个连续的双引号（“”）是合法的字符串常量

C. 可以对字符串进行关系运算

D. 空字符串不占用内存，其内存空间大小是 0

（7）设有定义“char s[81]; int i=0;”以下不能将一行（不超过 80 个字符）带有空格的字符串正确读入的语句或语句组是 ________。

A. gets(s);

B. while((s[i++]=getchar())!='\n'); s[i]= '\0';

C. scanf("%s",s);

D. do{ scanf("%c",&s[i]); } while(s[i++]!='\n'); s[i]= '\0';

（8）设有定义“char str[] = "Hello";”，则语句“printf("%d %d", sizeof(str), strlen(str));”的输出结果是 ________。

A. 6 5　　B. 6 6　　C. 5 5　　D. 5 6

（9）有以下程序

```
#include <stdio.h>
#include <string.h>
main()
{
   char p[20]={'a','b','c','d'}, q[]="abc",r[]="abcde";
   strcat(p, r); strcpy(p+strlen(q), q);
   printf("%d\n",strlen(p));
}
```

程序运行后的输出结果是 ________。

A. 7　　B. 9　　C. 11　　D. 6

（10）若有定义语句“char s1[20]="OK", s2[20]="ok";”，以下选项中，能够输出 OK 的语句是 ________。

A. if (strcmp(s1,s2)!=0) puts(s1);　　B. if (strcmp(s1,s2)!=0) puts(s2);

C. if (strcmp(s1,s2)==1) puts(s1);　　D. if (strcmp(s1,s2)==0) puts(s1);

（11）有以下程序

```
#include <stdio.h>
main()
{
   int a[4][4]={ {1,4,3,2},{8,6,5,7}, {3,7,2,5},{4,8,6,1}},i,k,t;
   for (i=0;i<3;i++)
      for (k=i+1; k<4; k++)
   if (a[i][i]<a[k][k])
   { t=a[i][i];a[i][i]=a[k][k]; a[k][k]=t;}
   for (i=0;i<4;i++)
      printf("%d,",a[0][i]);
}
```

程序运行后的输出结果是 ________。

A. 6，2，1，1　　B. 6，4，3，2　　C. 1，1，2，6　　D. 2,3,4,6

（12）若有以下程序

```
#include <stdio.h>
main()
{
   char w[20]="dogs",
   a[5][10]={"abcdef","ghijkl","mnopq","rstuv","wxyz."};
   int i,j,k;
   for(i=0;w[i];i++)
   {
      for(j=0;j<5;j++)
      {
         for (k=0; a[j][k]; k++)
```

```
            if (w[i]==a[j][k]) break;
            if (w[i]==a[j][k]) break;
        }
        printf("%d,%d,",j,k);
    }
}
```

则程序的输出结果是 ________。

A. 1，4，3，3，2，1，4，2，　　B. 0，3，2，2，1，0，3，1，

C. 5，6，5，5，5，6，5，6，　　D. 6，7，6，7，6，7，6，7，

二、填空题

（1）以下是个评分统计程序，共有 8 个评委打分，统计时，去掉一个最高分和一个最低分，其余 6 个分数的平局分既是最后得分，程序最后应显示这个得分，显示精度为 1 精度，2 位小数，请将程序补充完整。

```
#includde<stdio.h>
int main()
{
    float x[8]={9.2,9.5,9.8,7.4,8.5,9.1,8.8};
    float aver,max,min;
    int i;
    for(____________;i<8;i++)
        aver+=x[i];
    max=__________;
    min=max;
    for(i=1;i<8;i++)
    {
        if(max<x[i]) max=x[i];
        if(__________>x[i]) min=x[i];
    }
    aver=__________;
    printf("Average=__________\n",aver);
    return 0;
}
```

（2）以下程序是实现在 *M* 行 *N* 列的二维数组中，找出每一行上的最大值。请将程序补充完整。

```
#include<stdio.h>
#define M 3
#define N 4
int main()
{
    int x[M][N]={1,5,7,4,2,6,4,3,8,2,3,1};
    int i,j,p;
```

```
    for(i=0;i<M;i++)
    {
        p=0;
        for(j=1;j<N;j++)
            if(x[i][p]<x[i][j]) ______________________;
        print("The max value in line %d is %d\n",i,___________);
    }
    return 0;
}
```

（3）以下程序是采用冒泡排序方法对输入的 10 个数按升序排序，输出排序结果，请将程序补充完整。

```
#include<stdio.h>
int main(void)
{
    int i,j;
    double a[10],tmp;
    printf("input 10 numbers:");
    for (i=0; i<___________; i++)
        scanf("%lf",&a[i]);
    for (i=1;i<10;i++)
        for(j=0;j<___________;j++)
            if(a[j]>a[j+1]){
                ___________ =a[j];
                a[j]=a[j+1];
                a[j+1]=tmp;
            }
            for(i=0;i<10;i++)
                printf("%f",a[i]);
        printf("\n");
    return 0;
}
```

（4）以下程序在数组 t 中找出与 x 相等的数组元素，并输出该数组的下标，否则输出 -1，请将程序补充完整。

```
#include<stdio.h>
int main(void)
{
    int i,eq ;
    double x,t[10];
    printf("input 10 numbers:");
    for(i=0;i<10;i++)
        scanf("%lf",&t[i]);
    printf("input x:");
```

```
    scanf("%lf",&x);
    for(i=0;i<__________;i++)
        if(t[i]==x){
            eq=__________;
            printf("%d\n",eq);
        }
    if(i>__________)
        printf("-1\n");
    return 0;
}
```

（5）以下程序是输入 6 个数到 2 行 3 列的二维数组 a 中，将二维数组 a 中的数组元素转置，即行列互换，存储到 3 行 2 列的二维数组 b 中，输出二维数组 b 中的数组元素，请将程序补充完整。

```
#include<stdio.h>
int main(void)
{
    int i,j,a[2][3], b[3][2];
    printf("Input 6 integers:\n");
    for(i=0;i<2;__________)
        for(j=0;j< __________;j++)
            scanf("%d",&a[i][j]);
    for(i=0;i<3;i++)
        for(j=0;j<2;j++)
            b[i][j]=__________;
    for(i=0;i<3;i++){
        for(j=0;j<2;j++)
            printf("%5d", __________);
        printf("\n");
    }
    return 0;
}
```

三、编程题

（1）找出 $N\times N$ 矩阵中每列元素中的最大值，并按顺序依次存放于一维数组 b 中。

（2）程序定义了 $N\times N$ 的二维数组，并给其赋值，功能是使数组左下半三角元素中的值乘以 n 得到一个新的数组。

（3）编写函数，其功能是删除一个字符串中指定下标的字符。例如，输入一个字符串 world，然后输入 3，则调用该函数后的结果为 word。

（4）编写函数 fun()，其功能是实现 B = A+A'，即将矩阵 A 加上 A 的转置，存放在矩阵 B 中。计算结果在 main() 函数中输出。

（5）字符串排序：输入 5 个学生的名字，按字母序（升序）输出。

第7章

函数与模块化程序设计

7.1 函数与模块化程序设计的引入

7.1.1 问题与引例

【引例】 某一班级有五个学习小组，每个学习小组有四至七名学生不等，每个学生学习六门课程，试编写程序：①求每个学生的平均成绩；②求每一门课程的平均成绩；③找出有两门以上（含两门）课程不及格以及平均成绩不及格的学生；④求平均分方差。

问题分析：

本例中有五个学习小组，由于每个学习小组的学生数不等，所以不能采用循环来实现，而又不能多次重复书写基本相同的程序段，因此，本例适合使用函数来实现。具体是编写一个主函数、四个用户定义的函数，由主函数分别调用四个用户定义的函数。

对于比较复杂的程序，模块化程序设计就是对一个复杂的问题采用“分而治之”的策略，把一个较大的程序划分成若干个模块，每个模块只完成一个或者若干个功能，每一个功能通常由一个或多个自定义函数来实现。由于采用了函数模块式的结构，C语言易于实现结构化程序设计。使程序的层次结构清晰，便于程序的编写、阅读、调试。

7.1.2 函数的基本概念

函数就是功能。每一个函数用来实现一个特定的功能。

一个C程序可由一个主函数和若干个其他函数构成。一个较大的程序可分为若干个程序模块，每一个模块包括一个或多个函数，每个函数实现一个特定的功能。由主函数调用其他函数，其他函数也可以互相调用。同一个函数可以被一个或多个函数调用任意多次。

C 程序的执行总是从 main() 函数开始的，如果在 main() 函数中调用其他函数，在调用完毕后流程返回到 main() 函数，继续执行主函数中的其他语句，直到 main() 函数结束，在 main() 函数中结束整个程序的运行。main() 函数是由系统定义的。

C 语言所有的函数都是平行的，即在函数定义时它们是互相独立的，函数之间并不存在从属关系。因此函数不能嵌套定义，但函数间可以互相调用。但不能调用 main() 函数。main() 函数是系统调用的。

7.2 函数的定义

7.2.1 函数的分类

1. 从用户使用的角度看

函数有两种，即标准函数、自定义函数。

（1）标准函数

标准函数也称库函数，C 语言提供了丰富的库函数，包括常用的数学函数、字符及字符串处理函数以及输入输出函数等。这些函数由符合标准的 C 语言编译器提供，函数的行为也符合 ANSI/ISO C 的定义，可以直接使用。无须用户编写，也不需要进行函数声明，但必须在程序的最前面包含有该函数原型的头文件。

（2）自定义的函数

自定义函数是解决用户需要时，用户自己定义的函数。

2. 从函数的形式看

函数分为两类，即无参函数、有参函数。

7.2.2 函数的定义

1. 函数定义的要求

（1）所有函数必须“先定义，后使用”

（2）定义函数包括以下几个内容

①指定函数的名字，以便以后按名调用。

②指定函数的类型。

③指定函数的参数的名字和类型。

④指定函数的功能。

2. 无参函数的定义

```
类型标识符 函数名 ()
{
    声明部分
    语句部分
}
```

其中，类型标识符和函数名称为函数头。类型标识符指明了本函数的类型，函数的类型实际上是函数返回值的类型，该类型标识符与前面介绍的各种说明符相同。函数名是由用户定义的标识符，函数名后有一个空括号，其中无参数，但括号不可少。括号内也可写为“void”，表示“空”，即函数没有参数。

在很多情况下都不要求无参函数有返回值，此时函数类型符可以写为 void。

“{ }”中的内容称为函数体，包括声明部分和语句部分。在函数体中的声明部分，是对函数体内部所用到的变量的类型说明。

例如，

```
void Hello()
{
    printf ("Hello,world \n");
}
```

这里，Hello 作为函数名，Hello() 函数是一个无参函数，当被其他函数调用时，输出 "Hello world" 字符串。

3. 有参函数的定义

```
类型标识符 函数名 ( 形参表列 )
{
    声明部分
    语句部分
}
```

有参函数比无参函数多了函数参数，即函数名后括号内的内容，又称为形参表列。其中列出的是各个参数的数据类型和名称，这些参数称为形式参数，简称形参，它们可以是各种类型的变量，各参数之间用逗号间隔。在进行函数调用时，主调函数将给这些形参赋予实际的值。形参既然是变量，必须在形参表中给出形参的类型说明。

函数名和形参都是用户命名的标识符，必须符合标识符的命名规则。

例如，定义一个函数 max()，用于求两个数中的大数，可写为

```
int max(int a,int b)
{
    if (a>b) return a;
    else return b;
}
```

该函数的第一行前面的int说明max()函数是一个整型函数，其返回的函数值是一个整数，即函数的调用结果是整型。形参*a*，*b*均为整型变量，*a*，*b*的具体值是由主调函数在调用时传送过来的。在“{ }”中的函数体内，除形参外没有使用其他变量，因此只有语句而没有声明部分。在max()函数体中的return语句是把*a*（或*b*）的值作为函数的值返回给主调函数，有返回值的函数中至少应有一个return语句。

在C语言程序中，一个函数的定义可以放在任意位置，既可放在主函数main()之前，也可放在main()之后。

7.3 函数的调用和返回值

7.3.1 函数的调用形式和方式

1. 函数调用的一般形式

C语言中，函数调用的一般形式为

```
函数名（实参表列）
```

对无参函数调用时则无实参表。实参表中的参数可以是常数，变量或其他构造类型数据及表达式，各个实参之间用逗号分隔。

2. 函数调用的方式

在C语言中，按函数调用可以用以下三种方式调用函数。

（1）函数表达式

函数调用作为表达式中的一项，出现在表达式中，以函数返回值的形式参与表达式的运算，这种方式要求函数是有返回值的。

例如，z=max（x，y）是一个赋值表达式，把max()的返回值赋予变量*z*。

（2）函数语句

把函数调用单独作为一个语句，即在函数调用的一般形式加上分号，构成函数语句。这时不要求函数带回值，只要求函数完成一定的操作。

例如，scanf（"%d"，&a）；printf（"%d"，a）；都是以函数语句的方式来调用函数。

（3）函数实参

把函数调用作为另一个函数调用的实参出现，这种情况是把该函数的返回值作为实参进行传送，因此要求该函数必须是有返回值的。

例如，printf（"%d"，max（x，y））；即是把max()调用的返回值又作为printf()函数的实参来使用。

注意：在函数调用中求值顺序问题。所谓求值顺序是指对实参表中各量是从左至右使用，还是从右至左使用。对此，各系统的规定不一定相同。

7.3.2　函数调用时的数据传递

1. 形式参数和实际参数

在调用有参函数时，主调函数和被调用函数之间有数据传递关系。函数的参数分为形式参数和实际参数。在定义函数时函数名后面括号中的变量名称为形式参数，简称形参。形参出现在函数定义中，在整个函数体内都可以使用，离开该函数则不能使用；在主调函数中调用一个函数时，函数名后面括号中的参数称为实际参数，简称实参。实参出现在主调函数中，进入被调函数后，实参变量也不能使用。实参和形参的功能主要是进行数据传送。

当发生函数调用时，主调函数把实参的值传送给被调函数的形参，从而实现主调函数向被调函数的数据传送。

2. 形参和实参的特点

形参和实参主要有以下几个特点。

①形参变量只有在被调用时才分配内存单元，在调用结束时，即刻释放所分配的内存单元。因此，形参只有在函数内部有效。函数调用结束返回主调函数后则不能再使用该形参变量。

②实参可以是常量、变量、表达式、函数等，无论实参是何种类型的量，在进行函数调用时，它们都必须具有确定的值，以便把这些值传送给形参。因此应该预先用赋值、输入等办法使实参获得确定值。

③实参和形参在数量上，顺序上应严格一致，类型应相同或赋值兼容。否则会发生“类型不匹配”的错误。

④函数调用中发生的数据传送是单向的。即只能把实参的值传送给形参，而不能把形参的值反向地传送给实参。因此，在函数调用过程中，简单变量作参数时，形参的改变不能改变对应实参的值。数组名或指针变量等作为参数时，实参传递给形参的是地址值，这样形参和实参就指向同一段内存单元，在函数体内对形参数据的改变会影响到对应的实参。（数组名和指针作函数参数将在 8.3 节介绍）

【例 7.1】 利用自定义函数的方法求两个数中的大数。

程序代码如下：

```
#include <stdio.h>
int max(int a,int b)                       //第 2 行，函数定义开始
{
   if(a>b)
      return a;                            //函数的返回值
   else
      return b;                            //函数的返回值
}                                          //第 8 行
void main()
{
   int max(int a,int b);                   //第 11 行，函数说明
```

```
    int x,y,z;
    printf(" 输入两个数: ");
    scanf("%d,%d",&x,&y);
    z=max(x,y);                        // 第 15 行 , 函数调用
    printf(" 最大数是: %d\n",z);
}
```

程序中第二行至第八行为 max() 函数定义。进入主函数 main() 后，因为准备调用 max() 函数，故先对 max() 函数进行说明（程序中第 11 行）。函数定义和函数说明并不是一回事，在后面还要专门讨论。可以看出函数说明与函数定义中的函数头部分相同，但是末尾要加分号。程序中第 15 行为调用 max() 函数，并把实参 *x*，*y* 中的值传送给 max() 的形参 *a*，*b*。max() 函数执行的结果（*a* 或 *b*）将返回给变量 *z*，最后由主函数输出 *z* 的值。

7.3.3 函数的返回值

1. 返回语句

函数的值又称函数的返回值，是指函数被调用之后，执行函数体中的程序段所取得的并返回给主调函数的值。函数的值只能通过 return 语句返回主调函数。

例如，调用正弦函数取得正弦值，调用前面的 max() 函数取得的最大数等。

return 语句的一般形式为

```
return 表达式 ;
```

或者为

```
return( 表达式 );
```

该语句的功能是计算表达式的值,并返回给主调函数。在函数中允许有多个 return 语句，但每次调用只能有一个 return 语句被执行，因此只能返回一个函数值。

2. 函数值的类型

函数值的类型和函数定义中函数的类型应保持一致。如果两者不一致，则以函数类型为准，自动进行类型转换。函数类型决定返回值的类型。

若在函数定义时省去类型说明，编译系统默认函数值为整型。

不返回函数值的函数，可以明确定义为“空类型”，类型说明符为“void”。此时在函数体中不得出现 return 语句。一旦函数被定义为空类型后，就不能在主调函数中使用被调函数的函数值了。为了使程序有良好的可读性并减少出错,凡不要求返回值的函数都应定义为空类型。

7.3.4 被调用函数的声明

1. 被调用函数的声明及其一般形式

在主调函数中调用某函数之前应对该被调函数进行声明（函数原型），这与使用变量之

前要先进行变量说明是一样的。在主调函数中对被调函数作说明的目的是使编译系统知道被调函数返回值的类型，以便在主调函数中按此种类型对返回值作相应的处理。

被调用函数声明的一般形式为

```
类型说明符 被调函数名(类型 形参,类型 形参,……);
```

或为

```
类型说明符 被调函数名(类型,类型,……);
```

括号内给出了形参的类型和形参名，或只给出形参类型。这便于编译系统进行检错，以防止可能出现的错误。

例如，前面的 main() 函数中对 max() 函数的说明为

```
int max(int a,int b);
```

或写为

```
int max(int,int);
```

2. 可以省去对被调函数进行声明的情况

C 语言中又规定在以下几种情况时可以省去主调函数中对被调函数的声明。

① 如果被调函数的返回值是整型或字符型时，可以不对被调函数作说明，而直接调用。这时系统将自动对被调函数返回值按整型处理。

② 当被调函数的函数定义出现在主调函数之前时，在主调函数中也可以不对被调函数再作说明而直接调用。例如，前面的函数 max() 的定义放在 main() 函数之前，因此可在 main() 函数中省去对 max() 函数的函数说明“int max（int a，int b）;”。

③ 如果在所有函数定义之前，在函数外预先说明了各个函数的类型，则在以后的各主调函数中，可以不再对被调函数作说明。例如，

```
char str(int a);
float f(float b);
main()
{
    ……
}
char str(int a)
{
    ……
}
float f(float b)
{
    ……
}
```

上述第一，二行对 str() 函数和 f() 函数预先作了说明。因此在以后各函数中无须对 str()

和 f() 函数再作说明就可直接调用。

④对库函数的调用不需要再作说明，但必须把该函数所对应的头文件用 #include 命令包含在源文件前部。

说明：

① #include 命令必须以“#”号开头，系统提供的头文件以 .h 作为文件的后缀，文件名用一对双引号“”或一对尖括号 <> 括起来。

② #include 命令是 C 语言的编译预处理命令，不是 C 语句，不能在最后加分号。

注意： 函数定义与函数说明的区别。函数定义是指函数功能的确立，指定函数名、函数类型、形参及类型、函数体等，是完整独立的单位。函数声明只是对函数名、返回值类型、形参类型的说明，不包括函数体，它是一条语句，以分号结束，只起一个声明作用。

7.4 函数的嵌套调用与递归调用

7.4.1 函数的嵌套调用

C 语言中各函数之间是平行的，不存在上一级函数和下一级函数的问题。因此不允许作嵌套的函数定义。但是 C 语言允许在一个函数的定义中出现对另一个函数的调用，这样就出现了函数的嵌套调用，即在被调函数中又调用其他函数，其关系如图 7.1 所示。

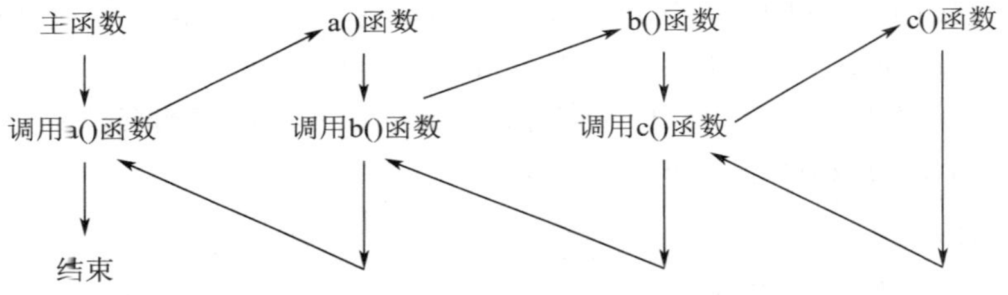

图 7.1 函数的嵌套过程

在图 7.1 中表示了三层嵌套调用的情形。其执行过程是：执行 main() 函数中调用 a() 函数的语句时，即转去执行 a() 函数，在 a() 函数中调用 b() 函数时，又转去执行 b() 函数，在 b() 函数中调用 c() 函数时，又转去执行 c() 函数，c() 函数执行完毕返回 b() 函数的断点继续执行，b() 函数执行完毕返回 a() 函数的断点继续执行，a() 函数执行完毕返回 main() 函数的断点继续执行。

【例 7.2】 输入三个整数，求其中的最大数。要求采用函数嵌套调用的方法。

（1）算法分析

根据题目的要求，要用函数嵌套调用的方法实现。首先在主函数中输入三个整数，然后调用 max1() 函数，求三个数中的最大数；在 max1() 函数中再调用另一个 max2() 函数求两个数中的较大数。在 max1() 函数中通过两次调用 max2() 函数，可以求出三个数中的最大者，然后返回主函数 main()，在 main() 函数中输出结果。

（2）程序设计

```
#include <stdio.h>
void main()
{
    int max1(int x,int y,int z);        //被调用函数max1说明
    int a,b,c,max;
    printf("请输入3个整数：\n");
    scanf("%d,%d,%d",&a,&b,&c);
    max=max1(a,b,c);                    //调用函数max1
    printf("最大数是：%d\n",max);
}
int max1(int x,int y,int z)             //max1函数定义
{
    int max2(int m,int n);              //被调用函数max2说明
    int p;
    p=max2(x,y);                        //调用函数max2，嵌套调用
    p=max2(p,z);                        //调用函数max2，嵌套调用
    return (p);                         //返回p的值
}
int max2(int m,int n)                   // max2函数定义
{
    if(m>n) return (m);
    else return (n);
}
```

7.4.2 函数的递归调用

一个函数在它的函数体内直接或间接地调用它自身，称为函数的递归调用，这样的函数称为递归函数。一个函数在它的函数体内直接地调用它自身，称为直接递归，一个函数在它的函数体内间接地调用它自身，称为间接递归。

例如，

```
int f(int x)
{
    int y=5,z;
    z=f(y);
    return z;
}
```

本例中，在函数 f() 的函数体中调用自身函数 f()，这是一种直接递归的情形。

例如，

```
int f1(int x)                    int f2(int t)
{                                {
    int y,z;                         int a,c;
              :                                :
    z=f2(y);                         c=f1(a);
              :                                :
    return(2*z);                     return(3+c);
}                                }
```

本例中，在函数 f1() 的函数体中调用函数 f2()，而在函数 f2() 的函数体中调用函数 f1()，这是一种间接递归的情形。

上面的例子是递归函数的两种情形，但是运行上面的函数时将无休止地调用其自身，这显然是不正确的。为了防止递归调用无终止地进行，必须在函数内有终止递归调用的条件。C 语言允许函数的递归调用。在递归调用中，主调函数又是被调函数。执行递归函数将反复调用其自身，每调用一次就进入新的一层。常用的办法是加条件判断，满足某种条件后就不再进行递归调用，然后逐层返回。下面举例说明递归调用的执行过程。

【例 7.3】 有五个人坐在一起，问第五个人多少岁？他说比第四个人大两岁；问第四个人岁数，他说比第三个人大两岁；问第三个人，又说比第二个人大两岁；问第二个人，说比第一个人大两岁；最后问第一个人，他说是十岁。编写程序用递归法求第五个人的年龄。

（1）算法分析

年龄问题的递归公式表述为

$$\text{age}（5）=\begin{cases}10, & n=1\\ \text{age}(n-1)+2, & n>1\end{cases}$$

第五个人的年龄：age（5）=age（4）+2

第四个人的年龄：age（4）=age（3）+2

第三个人的年龄：age（3）=age（2）+2

第二个人的年龄：age（2）=age（1）+2

第一个人的年龄：age（1）=10

（2）程序设计

用一个函数来描述上述递归过程

```
int age(int n)                          //求年龄的递归函数
{
    int c;                              //c 用作存放函数的返回值的变量
    if(n==1)
        c=10;                           //n=1 时，年龄为 10
    else
        c=age(n-1)+2;                   //n 不为 1 时，进行递归
    return(c);                          //返回 c 的值
}
```

主函数调用 age() 函数，求得第五人的年龄。

```
#include <stdio.h>
void main()
{
    printf("第5人的年龄：%d\n",age(5));        //在printf函数中嵌套调用age
}
```

（3）程序运行结果

```
第5人的年龄:18
```

程序中给出的函数 age() 是一个递归函数。主函数调用 age() 后即进入函数 age() 执行，如果 n=1 时都将结束函数的执行，否则就递归调用 age() 函数自身。由于每次递归调用的实参为 $n-1$，即把 $n-1$ 的值赋给形参 n，最后当 $n-1$ 的值为 1 时再作递归调用，形参 n 的值也为 1，将使递归终止，然后可逐层退回。

下面具体说明该过程。在主函数中的调用 age（5），进入 age() 函数后，由于 n=5，不等于 1，故应执行“c=age（n−1）+2”，即 c=age（5−1）+2，该语句对 age() 作递归调用，即 age（4），同样再次进入 age() 函数，过程与上述类似……，进行四次递归调用后，age() 函数形参取得的值变为 1，故不再继续递归调用而开始逐层返回主调函数。age（1）的函数返回值为 10，age（2）的返回值为 10+2=12，age（3）的返回值为 12+2=14，age（4）的返回值为 14+2=16，最后返回值 age（5）为 16+2=18。

【例 7.4】 采用递归调用计算 n!

（1）算法分析

计算 n! 的递归定义公式为

$$n!=\begin{cases}1, & n=0 \text{ 或 } n=1 \\ n\times(n-1), & n>1\end{cases}$$

（2）程序设计

按照递归公式，编写求 n! 的递归函数为

```
#include <stdio.h>
long fac(int n)                                 //求阶乘的递归函数
{
    long f;
    if(n<0) printf("n<0,input error");
    else if(n==0||n==1)
        f=1;                                    // n为0或为1时，阶乘为1
    else
        f=n*fac(n-1);                           // n不为0或1时，递归求阶乘
    return(f);                                  //返回f的值
}
```

调用递归函数的主函数为

```
void main()
{
```

```
    int n;long y;
    do{                                     //循环用于控制输入一个大于或等于 0 的数
    printf("请输入一个正整数：");
        scanf("%d",&n);
    }
    while(n<0);
        y=fac(n);                           //调用递归函数
    printf("%d!=%ld\n",n,y);
}
```

（3）程序运行结果

```
请输入一个正整数：5
5!=120
```

需要注意的是，多数 C 语言编译系统为 int 型数据分配 4 个字节，能表示的最大数为 2 147 483 647

当 n=12 时，运行正常。但输入 13 以求 13! 时，得不到预期结果，因为求出的结果超出了 int 型数据的最大值。

【例 7.5】 汉诺塔（Hanoi）问题。一块板上有 A、B、C 3 根针，A 针上套有 64 个大小不等的圆盘，大的在下，小的在上。4 层汉诺塔如图 7.2 所示。要把这 64 个圆盘从 A 针移动到 C 针上，每次只能移动一个圆盘，移动时可以借助 B 针进行。但在任何时候，任何针上的圆盘都必须保持大盘在下，小盘在上，编写程序求出移动圆盘的步骤。

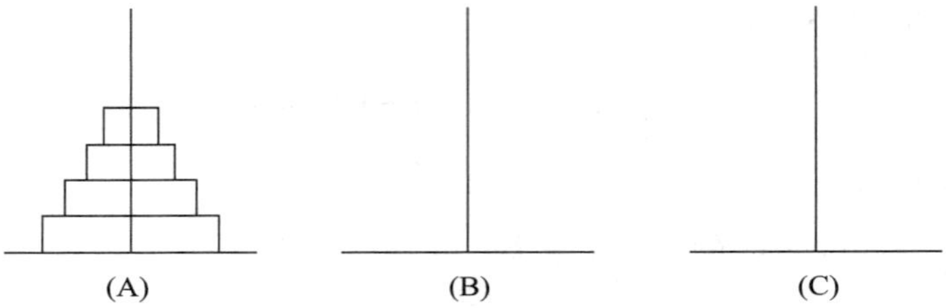

图 7.2　4 层汉诺塔示意图

（1）算法分析

设 A 针上有 n 个盘子，当 n 大于等于 2 时，移动的过程可分解为以下 3 个步骤。

第一步：把 A 针上的 $n-1$ 个圆盘移到 B 针上；

第二步：把 A 针上的 1 个圆盘移到 C 针上；

第三步：把 B 针上的 $n-1$ 个圆盘移到 C 针上。

其中：第一步和第三步应继续递归下去，直到搬动一个圆盘为止，整个搬动过程将达到 2^n-1 次。

下面分析三种情况。

第一种情况：如果 n=1，则将圆盘从 A 针直接移动到 C 针上；

第二种情况：如果 n=2，则：

① 将 A 针上的 1 个圆盘移到 B 针上；

② 再将 A 针上的 1 个圆盘移到 C 针上；

③ 最后将 B 针上的 1 个圆盘移到 C 针上。

第三种情况：如果 n=3，则：

① 将 A 针上的 n−1（等于 2，令其为 n'）个圆盘移到 B 针（借助于 C 针），步骤为

第一步：将 A 针上的 n'−1（等于 1）个圆盘移到 C 针上；

第二步：将 A 针上的一个圆盘移到 B 针上；

第三步：将 C 针上的 n'−1（等于 1）个圆盘移到 B 针上。

② 将 A 针上的 1 个圆盘移到 C 针上。

③ 将 B 针上的 n−1（等于 2，令其为 n'）个圆盘移到 C 针（借助 A 针），步骤为

第一步：将 B 针上的 n'−1（等于 1）个圆盘移到 A 针上；

第二步：将 B 针上的 1 个盘子移到 C 针上；

第三步：将 A 针上的 n'−1（等于 1）个圆盘移到 C 针上。

到此，完成了 3 个圆盘的移动过程。

当 n=3 时，第一步和第三步又分解为类同的三步，即把 n'−1 个圆盘从一个针移到另一个针上，这里的 $n'=n-1$。

（2）程序设计

实现上述搬圆盘的要求，可以定义以下两个函数。

① hanoi（n,A,C,B）递归函数：实现将 A 针上的 n 个圆盘移动到 C 针上,借助于 B 针。

② move（m，from，to）函数：输出将 m 号圆盘从 from 针移动到 to 针的信息。其中的 m 是圆盘序号，from 和 to 表示 A 针、B 针或 C 针。

求解汉诺塔问题的递归法程序代码为

```
#include <stdio.h>
move(int m,char from,char to)                    // move 函数定义
{
   printf("%d 号圆盘从 %c 针移到 %c 针 \n",m,from,to);
}
void hanoi(int n,char A,char C,char B)   // hanoi 递归函数
{
   if(n==1)
      move(n,A,C);                               // 只有一个圆盘，直接从 A 针到 C 针
   else{
      hanoi(n-1,A,B,C);                          // 将 n-1 个圆盘从 A 针到 B 针，借助于 C 针
      move(n,A,C);                               // 将 A 针上最后一个圆盘移动到 C 针
      hanoi(n-1,B,C,A);                          // 将 n-1 个圆盘从 B 针到 C 针，借助于 A 针
   }
}
void main()                                      // 主函数
{
   int n;
   printf(" 请输入移动的圆盘数：\n");
   scanf("%d",&n);                               // 输入移动的圆盘数
   printf(" 移动 %d 个圆盘的过程如下：\n",n);
```

```
    hanoi(n,'A','C','B');                    //将 n 个圆盘从 A 针到 C 针，借助于 B 针
}
```

（3）程序运行的结果

```
请输入移动的圆盘数：3
移动 3 个圆盘的过程如下：
1 号圆盘从 A 针移到 C 针
2 号圆盘从 A 针移到 B 针
1 号圆盘从 C 针移到 B 针
3 号圆盘从 A 针移到 C 针
1 号圆盘从 B 针移到 A 针
2 号圆盘从 B 针移到 C 针
1 号圆盘从 A 针移到 C 针
```

有人曾计算过，当 n=64 时，所需移动的次数为 18 446 744 073 709 551 615，即 1 844 亿亿次。若按每次耗时 1 微秒计算，则完成 64 个圆盘的移动将需要 60 万年！

7.5 数组作为函数参数

数组可以作为函数的参数使用，进行数据传送。数组用作函数参数有两种形式，一种是把数组元素作为实参使用；另一种是把数组名作为函数的形参和实参使用。

7.5.1 数组元素作函数实参

数组元素就是下标变量，它与普通变量并无区别，作用与普通变量相当。因此它作为函数实参使用与普通变量是完全相同的，在发生函数调用时，把作为实参的数组元素的值传送给形参，实现单向的值传送。数组元素不能用于形参。

【例 7.6】 输入 10 名学生的学号及成绩，输出成绩最高的学生的学号及成绩。

（1）算法分析

本例中定义一个 10 行 2 列的二维数组，第一列表示学号，第二列表示成绩。定义一个函数求 10 名学生成绩中的最高者，数组元素作为函数的参数。

（2）程序设计

```
#include <stdio.h>
void main()
{
    int max(int x,int y);                          //被调用函数说明
    int a[10][2],m,n,i;
    printf("请输入 10 个学生的学号及成绩：\n");
    for(i=0;i<10;i++)                              //输入 10 学生的学号及成绩
        scanf("%d,%d",&a[i][0],&a[i][1]);
```

```
    printf("\n");
    m=a[0][1];n=0;
    for(i=1;i<10;i++){
        if(max(m,a[i][1])>m)                    // 调用 max 函数，一个实参为数组元素
        {
            m=max(m,a[i][1]);
            n=i;
        }
    }
    printf("成绩最高的学生：学号是 %d，成绩是 %d\n",a[n][0],a[n][1]);
}
int max(int x,int y)                            // 求两个数中的较大数函数
{
    if(x>y) return (x);
    else return (y);
}
```

本程序中，主函数调用 max() 函数时，其中的一个实参 a[i][1] 是二维数组中的一个元素，它在进行参数结合时，将数组元素的值传递给形参，即将 a[i][1] 的值传递给形参 y，参数之间的数据传递是单向传递。

7.5.2 数组名作为函数参数

1. 用数组名作函数参数的特点

用数组名作函数参数时，要求形参和相对应的实参都必须是类型相同的数组，都必须有明确的数组说明。当形参和实参两者不一致时，就会发生错误。

在用数组名作函数参数时，不是进行值的传送，即不是把实参数组的每一个元素的值都赋予形参数组的各个元素。因为实际上形参数组并不存在，编译系统不为形参数组分配内存。

数组名就是数组的首地址。实际上，在数组名作函数参数时所进行的传送只是地址的传送，也就是说把实参数组的首地址赋予形参数组名。形参数组名取得该首地址之后，也就等于有了实在的数组。实际上是形参数组和实参数组为同一数组，共占同一段内存单元。

也就是说，当用数组名作函数参数时，形参和实参就指向同一段内存单元，在函数体内对形参数组的改变会影响到对应的实参。

如图 7.3 所示，说明了这种情形。图中设 a 为实参数组，类型为整型。a 占有以 2000 为首地址的一块内存区。b 为形参数组名。当发生函数调用时，进行地址传送，把实参数组 a 的首地址传送给形参数组名 b，于是 b 也取得该地址 2000。于是 a，b 两数组共同占有以 2000 为首地址的一段连续内存单元。从图 7.3 中还可以看出 a 和 b 下标相同的元素实际上也占相同的两个内存单元（整型数组每个元素占两个字节）。例如，a[0] 和 b[0] 都占用 2000 和 2001 单元，当然 a[0] 等于 b[0]，类推则有 a[i] 等于 b[i]。

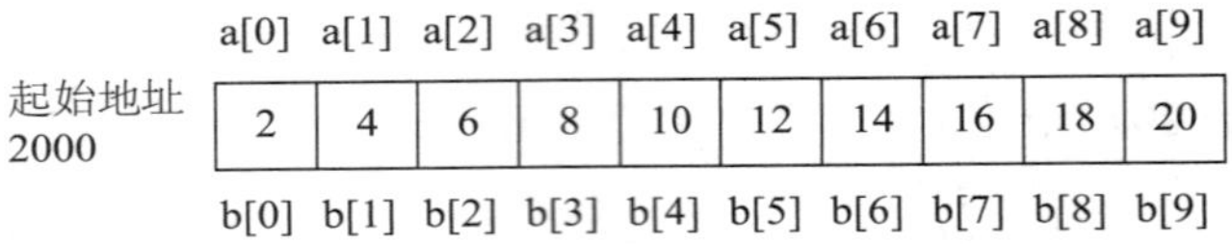

图 7.3 数组名作为参数的情形

【例 7.7】 在一个二维数组中存放了 10 个学生的学号及 C 语言程序设计的考试成绩，输出超过平均成绩的学生的学号和成绩。

（1）算法分析

本例采用一个 10 行 2 列的二维数组 sc 存放 10 个学生的学号及 C 语言程序设计的考试成绩，通过 average() 函数求 10 个学生的平均成绩 av，返回给主调函数中的 ave 变量，最后在主函数中将所有学生的成绩分别与 ave 比较，如果超过平均值，则输出该学生的学号和成绩。

（2）程序设计

```
#include <stdio.h>
void main()
{
    float average(float a[][2]);        // 被调用 average 函数说明 */
    float sc[10][2],ave;
    int i;
    printf(" 请输入 10 个学生的学号及成绩：\n");
    for(i=0;i<10;i++)                       // 输入 10 学生的学号及成绩
        scanf("%d,%d",&sc[i][0],&sc[i][1]);
    printf("\n");
    ave=average(sc);                        // 调用 average 函数，实参为数组名 sc
    for(i=0;i<10;i++)                       // 输出超过平均值的学生
        if(sc[i][1]>ave)
            printf(" 成绩最高的学生：学号是 %d，成绩是 %d\n",sc[i][0],sc[i][1]);
}
float average(float a[][2])                 // 求平均值 average 函数
{
    int i;
    float av,sum;
    sum=a[0][1];
    for(i=1;i<10;i++)
        sum+=a[i][1];
    av=sum/10.0;
    return (av);
}
```

2. 用数组名作为函数参数时的注意点

用数组名作为函数参数时应当注意以下几点。

① 形参数组和实参数组的类型必须一致，否则将引起错误。

② 形参数组和实参数组的长度可以不相同，因为在函数调用时，只传送数组首元素的地址而不检查形参数组的长度。当形参数组的长度与实参数组不一致时，虽不至于出现语法错误（编译能通过），但程序执行结果将与实际不符，这是应当注意的。

③ 一维数组作为形参时可以不给出数组的长度。

例如，

```
float min(int b[])
```

④ 多维数组也可以作为函数的参数。在函数定义时对形参数组可以指定每一维的长度，也可以省去第一维的长度。因此，以下写法都是合法的。

```
int max(int a[3][10])
```

或

```
int max(int a[][10])。
```

形参数组的第一维可以与实参数组不同，C 语言编译系统不检查第一维的大小。

7.5　变量的作用域与存储类别

7.5.1　局部变量

1. 局部变量的概念

局部变量也称为内部变量。局部变量是在函数内作定义说明的，其作用域仅限于函数内，离开该函数后再使用这种变量是非法的。

例如，

```
int f1(int a)                          //函数 f1
{
   int b,c;
   ……
}
int f2(int x)                          //函数 f2
{
   int y,z;
   ……
}
void main()
{
   int m,n;
```

```
    ……
}
```

在函数 f1 内定义了三个变量，*a* 为形参，*b*，*c* 为一般变量。在 f1 的范围内 *a*，*b*，*c* 有效，或者说 *a*，*b*，*c* 变量的作用域限于 f1 内。同理，*x*，*y*，*z* 的作用域限于 f2 内。*m*，*n* 的作用域限于 main() 函数内。

2. 局部变量的作用域

主函数中定义的变量也只能在主函数中使用，不能在其他函数中使用。同时，主函数中也不能使用其他函数中定义的变量。因为主函数也是一个函数，它与其他函数是平行的关系。

形参变量是属于被调函数的局部变量，实参变量是属于主调函数的局部变量。

允许在不同的函数中使用相同的变量名，它们代表不同的对象，分配不同的单元，互不干扰，也不会发生混淆。如在前例中，形参和实参的变量名都为 *n*，是完全允许的。

在复合语句中也可定义变量，其作用域只在复合语句范围内，只能在本复合语句中引用。这种复合语句也称为“分程序”或“程序块”。

例如，

```
void main()
{
    int s,a;
    ……
    {
        int b;
        s=a+b;
        ……                                          // b 作用域
    }
    ……                                              // s,a 作用域
}
```

例如，

```
void main()
{
    int i=2,j=3,k;
    k=i+j;
    {
        int k=8;                                    //这里的 k 只在复合语句中起作用
        printf("%d\n",k);
    }
    printf("%d\n",k);
}
```

本程序在 main() 函数中定义了 *i*，*j*，*k* 三个变量，其中 *k* 未赋初值。在复合语句内又定义了一个变量 *k*，并赋初值为 8。应该注意这两个 *k* 不是同一个变量。在复合语句外由 main() 函数定义的 *k* 起作用，而在复合语句内则由在复合语句内定义的 *k* 起作用。因此程序第四行的 *k* 为 main() 函数所定义，其值应为 5。第七行输出 *k* 值，该行在复合语句内，由复合语句内定义的 *k* 起作用，故第七行输出的是 8，而第九行已在复合语句之外，输出的 *k* 应为 main() 函数所定义的 *k*，此 *k* 值由第四行已获得为 5，故输出为 5。

7.5.2 全局变量

全局变量也称为外部变量，它是在函数外部定义的变量。它不属于某一个函数，它属于一个源程序文件，其作用域为从定义变量的位置开始到本源文件结束，可为本文件中其他函数所共用。在函数前定义的全局变量可直接使用；在函数内使用定义在函数后的全局变量时，一般在函数内进行说明。

例如，

```
int a,b;                                          // 外部变量
void f1()                                         // 函数 f1
{
   ……
}
float x,y;                                  // 外部变量
int fz()                                          // 函数 fz
{
   ……
}
void main()                                       // 主函数
{
   ……
}
```

从上例可以看出 *a*、*b*、*x*、*y* 都是在函数外部定义的外部变量，都是全局变量。但 *x*，*y* 定义在函数 f1() 之后，而在 f1() 内又无对 *x*，*y* 的说明，所以它们在 f1() 内无效。*a*，*b* 定义在源程序最前面，因此在 f1()，f2() 及 main() 内不加说明也可使用。

【例 7.8】 在数组中存放了十个学生的学号及成绩，利用函数的方法求最高分、最低分以及平均成绩。

```
#include <stdio.h>
float max=0,min=0;                                // max、min 为全局变量
void main()
{
   float average(float a[][2],int n); // 被调用函数说明
```

```
    float ave,score[10][2];
    int i;
    for(i=0;i<10;i++)                                    // 输入 10 学生的学号及成绩
        scanf("%f,%f",&score[i][0],&score[i][1]);
    ave=average(score,10);                               // 调用函数求平均成绩
    printf("max=%6.2f\nmin=%6.2f\naverage=%6.2f\n",max,min,ave);
}
float average(float a[][2],int n)                        // 定义函数，形参 a[][2] 为二维数组
{
    int i;
    float aver,sum=a[0][1];
    max=min=a[0][1];
    for(i=1;i<n;i++)
    {
        if(a[i][1]>max) max=a[i][1];
        else if(a[i][1]<min) min=a[i][1];
        sum=sum+a[i][1];
    }
    aver=sum/n;
    return(aver);
}
```

全局变量的设置增加了函数间数据联系的渠道。由于同一文件中的所有函数都能引用全局变量的值，因此如果在一个函数中改变了全局变量的值，就能影响到其他函数中全局变量的值，相当于各个函数间有直接的传递通道。由于函数的调用只能带回一个函数返回值，因此有时利用全局变量增加函数间的联系渠道，通过函数调用能得到一个以上的值。

注意：外部变量与局部变量同名时的处理。

例如，

```
int a=3,b=5;                                             // a,b 为外部变量
int max(int a,int b)
{
    int c;
    c=a>b?a: b;
    return(c);
}
void main()
{
    int a=8;                                             // 外部变量被"屏蔽"
    printf("%d\n",max(a,b));
}
```

如果同一个源文件中，外部变量与局部变量同名，则在局部变量的作用范围内，外部

变量被“屏蔽”，暂时不起作用。也就是说，优先级是局部变量优先。

7.5.3 变量的存储类型

1. 静态存储方式与动态存储方式

从变量的作用域（从空间）角度来看，可以分为全局变量和局部变量。从变量值存在的时间（从生存期）角度来看，可以分为静态存储方式和动态存储方式。静态存储方式是指在程序运行期间分配固定的存储空间的方式。动态存储方式是在程序运行期间根据需要进行动态的分配存储空间的方式。

用户存储空间一般可以分为三个部分，即程序区、静态存储区和动态存储区。全局变量全部存放在静态存储区，在程序开始执行时给全局变量分配存储区，程序执行完毕就释放。在程序执行过程中它们占据固定的存储单元，而不动态地进行分配和释放。

动态存储区存放的数据有函数形式参数，自动变量（未加 static 声明的局部变量），函数调用时的现场保护和返回地址。对以上这些数据，在函数开始调用时分配动态存储空间，函数结束时释放这些空间。

在 C 语言中，每个变量和函数有两个属性，即数据类型和数据的存储类别。

C 语言中的存储类型包括四种：auto（自动的）、static（静态的）、register（寄存器的）、extern（外部的）。根据变量的储存类别，可以知道变量的作用域和生存期。

2. 自动局部变量

函数中的局部变量，如果不专门声明为 static 存储类别时，都是动态地分配存储空间的，数据存储在动态存储区中。函数中的形参和在函数中定义的变量（包括在复合语句中定义的变量），都属于这类，在调用该函数时系统会给它们分配存储空间，在函数调用结束时就自动释放这些存储空间，这类局部变量称为自动局部变量或自动变量。自动变量用关键字 auto 作存储类别的声明。

例如，

```
int f(int a)                          //定义 f 函数,a 为参数
{
    auto int b,c=3;                   //定义 b,c 自动变量
    ……
}
```

a 是形参，*b*，*c* 是自动变量，对 *c* 赋初值 3。执行完 f() 函数后，自动释放 *a*，*b*，*c* 所占的存储单元。

关键字 auto 可以省略，auto 不写则隐含定义为“自动存储类别”，属于动态存储方式。

3. 静态局部变量

有时希望函数中的局部变量的值在函数调用结束后不消失而保留原值。即其占用的储存单元不释放，在下一次再调用该函数时，该变量已有上一次函数调用结束时的值。这时就

应该指定局部变量为“静态局部变量”，用关键字 static 进行声明。

例如，下列程序中的静态局部变量 *c* 的值。

```
f(int a)
{
    auto int b=0;                                  //b 为自动局部变量，每次初值都为 0
    //c 为静态局部变量，第一次初值为 3，以后每次都为上次的最后结果
    static int c=3;
    b=b+1;
    c=c+1;
    return(a+b+c);
}
void main()
{
    int a=2,i;
    for(i=0;i<3;i++)
        printf("%d",f(a));
}
```

说明：

① 静态局部变量属于静态存储类别，在静态存储区内分配存储单元。在程序整个运行期间都不释放。自动变量（动态局部变量）属于动态存储类别，占动态存储空间，函数调用结束后即释放。

② 静态局部变量在编译时赋初值，即只赋初值一次；而对自动变量赋初值时，是在函数调用时进行，每调用一次函数重新给一次初值，相当于执行一次赋值语句。

③ 如果在定义局部变量时不赋初值的话，则对静态局部变量来说，编译时自动赋初值 0（对数值型变量）或空字符（对字符变量）。对自动变量来说，如果不赋初值则它的值是一个不确定的值。

④ 虽然静态局部变量是函数调用结束后仍然存在，但其他函数是不能引用它的，因为它是局部变量，只能被本函数引用，而不能被其他函数引用。

【例 7.9】 打印一到五的阶乘值。

```
#include <stdio.h>
int fac(int n)
{
    static int f=1;        //f 为静态局部变量，第一次初值为 1，以后每次都为上次的乘积
    f=f*n;
    return(f);
}
void main()
{
    int i;
    for(i=1;i<=5;i++)
```

```
    printf("%d!=%d\n",i,fac(i));
}
```

4. 寄存器变量

为了提高效率，C 语言允许将局部变量的值放在 CPU 中的寄存器中，需要时直接从寄存器取出来参与运算，而不必到内存中去存取。这样可以提高执行效率，这种变量称为“寄存器变量”，用关键字 register 作声明。

例 8.9 使用寄存器变量的程序为

```
#include <stdio.h>
int fac(int n)
{
    register int i,f=1;          //i 为寄存器变量，i 的值存放在 CPU 中的寄存器中
    for(i=1;i<=n;i++)
        f=f*i;
    return(f);
}
void main()
{
    int i;
    for(i=0;i<=5;i++)
        printf("%d!=%d\n",i,fac(i));
}
```

说明：

① 只有局部自动变量和形式参数可以作为寄存器变量；

② 一个计算机系统中的寄存器数目有限，不能定义任意多个寄存器变量；

③ 局部静态变量不能定义为寄存器变量。

5. 用 extern 声明外部变量

（1）在一个文件内扩展外部变量的作用域

外部变量（全局变量）是在函数的外部定义的，它的作用域为从变量定义处开始，到本程序文件的末尾。如果外部变量不在文件的开头定义，其有效的作用范围只限于定义处到文件的末尾。如果在定义点之前的函数想引用该外部变量，则应该在引用之前用关键字 extern 对该变量作“外部变量声明”。表示该变量是一个已经定义的外部变量。有了此声明，就可以从“声明”处起，合法地使用该外部变量。用 extern 声明外部变量，扩展程序文件中的作用域。例如，

```
#include <stdio.h>
int max(int x,int y)
{
    int z;
    z=x>y?x: y;
```

```
    return(z);
}
void main()
{
    extern A,B;                          // 声明外部变量 A、B
    printf("%d\n",max(A,B));
}
int A=13,B=-8;                           // A、B 为外部变量
```

说明：在本程序文件的最后一行定义了外部变量 *A*，*B*，但由于外部变量定义的位置在函数 main() 之后，因此本来在 main() 函数中不能引用外部变量 *A*，*B*。现在在 main() 函数中用 extern 对 *A* 和 *B* 进行"外部变量声明"，就可以从"声明"处起，合法地使用该外部变量 *A* 和 *B*。

（2）将外部变量的作用域扩展到其他文件

一个 C 程序可以由一个或多个源程序文件组成。当一个程序由多个源程序文件组成，并且在每个文件中均需要引用同一个全局变量时，如果在每个文件中都定义了同名全局变量，则在"连接"时会产生"重复定义"的错误。解决办法是在其中一个文件中定义所有全局变量，在其他用到这些全局变量的文件中用 extern 对这些变量进行声明，声明这些变量已在其他文件中定义，通知编译系统不必再为它们开辟存储单元。

系统在编译过程中遇到 extern 时，先在本文件中找外部变量的定义，如果找到，就在本文件中扩展作用域；如果找不到，就在连接时从其他文件中找外部变量的定义。如果从其他文件中找到了，就将作用域扩展到本文件；如果再找不到，就按出错处理。

6. 用 static 声明静态外部变量

有时在程序设计中希望某些外部变量只限于被本文件引用，而不能被其他文件引用。这时可以在定义外部变量时加一个 static 声明，将外部变量的作用域限制在本文件中

这种加上 static 声明、只能用于本文件的外部变量称为静态外部变量。

例如，

```
file1.c
static int A;
int main()
{

}

file2.c
extern A;
void fun(int n)
{

    A=A*n;                               // 出错


}
```

在程序设计中，常由若干人分别完成各个模块，每个人可以独立地在其设计的文件中使用相同的外部变量名而互不相干，只须在每个文件中定义外部变量时加上 static 即可，这就为程序的模块化、通用性提供方便。

说明：不要误认为对外部变量加 static 声明后才采取静态存储方式（存放在静态存储区中），而不加 static 的是采取动态存储（存放在动态存储区）。外部变量均采取静态存储方式。

声明局部变量的存储类型和声明全局变量的存储类型的含义是不同的。

对于局部变量来说，声明存储类型的作用是指定变量存储的区域（静态存储区或动态存储区）以及由此产生的生存期的问题，而对于全局变量来说，由于都是在编译时分配内存的，都存放在静态存储区，声明存储类型的作用是变量作用域的扩展问题。首先对局部变量用 static 声明，把它分配在静态存储区，该变量在整个程序执行期间不释放，其所分配的空间始终存在。其次对全局变量用 static 声明，则该变量的作用域只限于本文件模块（被声明的文件中）。

注意：用 auto，register 和 static 声明变量时，是在定义变量的基础上加上这些关键字，而不能单独使用。

例如，

```
int a;                                  //先定义整型变量 a
static a;                               //企图再将变量 a 声明为静态变量
```

这样的定义方法是错误的。

7.6　函数与模块化程序设计及实例

【例 7.10】　编写程序求组合数 $C_m^k=\dfrac{m!}{k!(m-k)!}$

（1）算法分析

本例需要三次计算阶乘，故用一个函数来求阶乘。在主函数中输入 m、k 的值，三次调用求阶乘函数求组合数，并输出结果。

（2）程序设计

```
#include <stdio.h>
void main()
{
    long fact(int n);
    int m,k;double p;
    do                                  //循环用于控制输入的 m 大于或等于 k，且都大于 0
    {
        printf("请输入 m,k(m>=k>0)");
        scanf("%d,%d",&m,&k);
    }while(m<k||m<0||k<0);
    p=fact(m)/(fact(k)*fact(m-k));     //分别函数调用求 m!、k!、(m-k)!
```

```
    printf("p=%.0f\n",p);
}
long fact(int n)  //fact 函数定义，求 n!
{
    int i;long t=1;
    for(i=2;i<=n;i++)
        t=t*i;
    return (t);
}
```

习 题 7

一、选择题

（1）以下关于 return 语句的叙述中正确的是 ________。

A. 一个自定义函数中必须有一条 return 语句

B. 一个自定义函数中可以根据不同情况设置多条 return 语句

C. 定义成 void 类型的函数中可以有带返回值的 return 语句

D. 没有 return 语句的自定义函数在执行结束时不能返回到调用处

（2）若函数调用时的实参为变量时，以下关于函数形参和实参的叙述中正确的是 ________。

A. 形参只是形式上的存在，不占用具体存储单元

B. 函数的形参和实参分别占用不同的存储单元

C. 函数形参的值也可以传回给对应的实参

D. 函数的实参和其对应的形参共占同一存储单元

（3）以下叙述中正确的是 ________。

A. 所有函数均不能接受函数名作为实参传入

B. 函数名代表该函数的入口地址

C. 函数既可以直接调用自己，也可以间接调用自己

D. 函数的递归调用不需要额外开销，所以效率很高

（4）以下选项中叙述错误的是 ________。

A. C 语言程序函数中定义的赋有初值的静态变量，每调用一次函数，赋一次初值

B. 在 C 语言程序的同一函数中，各复合语句内可以定义变量，其作用域仅限本复合语句内

C. C 程序函数中定义的自动变量，系统不自动赋确定的初值

D. 对于变量而言，“定义”和“说明”这两个词实际上是同一个意思

（5）在 C 语言中，只有在使用时才占用内存单元的变量，其存储类型是 ________。

A. auto 和 register　　　　B. extern 和 register

C. auto 和 static　　　　D. static 和 register

（6）若各选项中所用变量已正确定义，函数 fun() 中通过 return 语句返回一个函数值，以下选项中错误的程序是 ________。

A.

```
main()
{  …… x=fun(2,10); ……}
float fun(int a,int b){……}
```

B.

```
float fun(int a,int b){……}
main()
{ …… x=fun(i,j); ……}
```

C.

```
float fun(int ,int);
main()
{ …… x=fun(2,10); …… }
float fun(int a,int b){……}
```

D.

```
main()
{ float fun(int i,int j);
  …… x=fun(i,j); …… }
float fun(int a,int b){……}
```

（7）若有以下程序

```
#include <stdio.h>
void fun(int a[],int n)
{
    int t,i,j;
    for(i=0;i<n;i+=2)
        for(j=i+2;j<n;j+=2)
            if(a[i]>a[j])
                {t=a[i];a[i]=a[j];a[j]=t;}
}
main()
{
    int c[10]={10,9,8,7,6,5,4,3,2,1},i;
    fun(c,10);
    for(i=0;i<10;i++) printf("%d,",c[i]);
    printf("\n");
}
```

则程序的输出结果是 ________。

A. 1, 10, 3, 8, 5, 6, 7, 4, 9, 2　　　　B. 10, 9, 8, 7, 6, 5, 4, 3, 2, 1

C. 10, 1, 8, 3, 6, 5, 4, 7, 2, 9　　　　D. 2, 9, 4, 7, 6, 5, 8, 3, 10, 1

（8）有以下程序

```
#include <stdio.h>
#define N 4
void fun(int a[][N], int b[])
{
    int i;
    for(i=0;i<N;i++)b[i]=a[i][i]-a[i][N-1-i];
}
```

```
main()
{
    int x[N][N]={{1,2,3,4},{5,6,7,8},{9,10,11,12},{13,14,15,16}},y[N],i;
    fun(x,y);
    for(i=0;i<N;i++) printf("%d,",y[i]);printf("\n");
}
```

程序运行后的输出结果是 ________。

A. 0, 1, 2, 3　　B. −12, −3, 0, 0　　C. −3, −1, 1, 3　　D. −3, −3, −3, −3

（9）设有如下函数定义

```
#include <stdio.h>
int fun( int k )
{
    if(k<1) return 0;
    else if(k==1) return 1;
    else return fun(k-1)+1;
}
```

若执行调用语句 “n=fun(3);”，则函数 fun() 总共被调用的次数是 ________。

A. 2　　B. 3　　C. 4　　D. 5

（10）有以下程序

```
#include <stdio.h>
int fun(int a)
{
    int b=0;
    static int c=3;
    a=(c++,b++);
    return(a);
}
main()
{
    int a=2,i,k;
    for(i=0;i<2;i++)
        k=fun(a++);
    printf("%d\n",k);
}
```

程序的输出结果是 ________。

A. 0　　B. 4　　C. 1　　D. 2

二、填空题

（1）下面程序的运行结果是 ________。

```
#include <stdio.h>
void main()
{
    int y=13;
    fun(y);
    printf("%d\n",y);
}
fun(int x)
{
    x+=20;
    return x
}
```

（2）下列程序的运行结果是 ________。

```
#include <stdio.h>
void funt(int x,int y,int cq,int dq)
{
    cq=x*x-y*y;
    dq=x*x+y*y;
}
void main()
{
    int a=3,b=2,c=5,d=7;
    funt(a,b,c,d);
    printf("%d %d\n",c,d);
}
```

（3）以下程序的运行结果是 ________。

```
#include <stdio.h>
func()
{
    static int a=0;
    a*=2;
    printf("%d",a);
}
void main()
{
    int b;
    for(b=5;b>0;b--)
        func();
```

```
    printf("\n");
}
```

（4）下面程序的运行结果是 ________。

```
#include <stdio.h> :
int x=5,int y=7;
void main()
{
    int x=3,y=5,z;
    z=minus(x,y);
    printf("X-Y=%d\n",z);
}
minus (int a,int b)
{
    int c;
    c=a+b;
    return(c);
}
```

三、程序设计题

（1）编写程序在主函数中键盘输入两个整数，通过调用两个函数分别求出两个整数的最大公约数和最小公倍数，并输出结果。

（2）编写程序在主函数输入一个整数，通过调用一个判断素数的函数求素数，并输出是否是素数的信息。

（3）编写程序在主函数中输入方程 $ax^3+bx^2+cx+d=0$ 系数，通过调用一个函数用牛顿迭代法求方程在 1 附近的一个根，最后由主函数输出方程的根。

第8章

指　针

8.1　指针的引入

8.1.1　问题与引例

在前面章节中介绍了如何使用数组存放多个相同类型的数据并进行运算，但数组的长度在定义时必须设置为确定值，且在程序执行过程中不能改变大小。例如，例 6.1 中数组 a 的长度是 10，程序中只能引用 10 个数组元素 a[0] ~ a[9]。如果事先无法确定需要处理的数据数量，又应该如何解决呢？

【引例】 编程实现输出 2 ~ n 之间的所有素数。

问题分析：解决此类问题可采用声明一个数组并指定数组长度的方法，但数组的长度在运行时才能知道，通常采用的方法是声明一个较大的数组，使它可以存放可能出现的最多元素。这种方法尽管使用简单，但是由于程序中的 n 是人为控制的，如果程序中需要使用的元素数量超过了声明的长度，这种事先声明固定大小数组的方法就无法处理了。若要避免这种情况，就得把数组长度声明得更大，如果程序需要的元素数量较少，巨型数组的绝大部分内存空间就被浪费了。为此，C 语言提供的动态内存分配功能（指针），可以克服上述问题存在的弊端，满足实际应用的需要。

8.1.2　指针的基本概念

指针是 C 语言的重要特点之一。为了说清楚什么是指针，必须先弄清楚数据在内存中是如何存储的，又是如何读取的。

如果在程序中定义了一个变量，在对程序进行编译时，系统就会给这个变量分配内存单元。编译系统根据程序中定义的变量类型，分配一定长度的空间。例如，VC++ 为整型变量分配 4 个字节，为单精度浮点型变量分配 4 个字节，为字符型变量分配 1 个字节。 内存区的每一个字节有一个编号，这就是“地址”，它相当于旅馆中的房间号。在地址所标志的内存单元中存放的数据则相当于旅馆房间中居住的旅客。

由于通过地址能找到所需要的变量单元，可以说，地址指向该变量单元。打个比方，一个房间的门口挂了一个房间号 2019，这个 2019 就是房间的地址，或者说，2019“指向”该房间。因此，将地址形象化地称为“指针”。意思是能够通过它找到以它为地址的内存单元。

指针是 C 语言的重要特色，也是 C 语言的精华，是 C 语言区别于其他程序设计语言的最重要特征之一。正确灵活地运用指针可以有效地表示复杂的数据结构，方便地使用数组和字符串；可以在函数间进行数据传递；可以直接处理内存地址、动态分配内存；可以设计出结构紧凑、效率更高的应用程序，指针极大地丰富了 C 语言的功能。

前面用过的标准输入语句“scanf("%d", &score);”是非常熟悉的语句，其中的符号“&”就是取地址运算符。使用 scanf() 函数读取数据时，必须提供存储单元的地址，如果将“scanf ("%d", &score)；”语句错写为“scanf ("%d", score)；”，该语句就不能正确地接收用户输入的数据。

下面程序中的错误是初学者经常容易犯的错误。

```
#include <stdio.h>
void main()
{
    int score;
    printf("\n请输入一个成绩: ");                    //提示用户输入一个成绩
    scanf("%d",score);                              //接收用户输入的分数，错误语句
    printf("score=%d\n",score);                     //输出成绩 score
}
```

执行上面的程序，运行后出现如下错误提示后中断程序执行。

```
warning C4700: local variable 'score' used without having been initialized
```

提示说明本地变量“score”在使用前没有初始化，也就是说“score”并没有从键盘获取数据。这是因为“scanf ("%d", score)；”语句中没有给出正确的地址，系统不知道应该把数据存放在何处，从而引起了执行错误。“scanf ("%d", &score)；”中的“&”就是指针运算符。

指针既是 C 语言的重点，也是 C 语言的难点，能否正确理解和灵活使用指针是掌握 C 语言的一个标志。在学习指针时，只要正确理解指针的本质，积极应用指针多编程，多上机调试，不怕出错，就能正确掌握、灵活运用指针。

8.2 指针与指针变量

8.2.1 地址与指针

1. 内存的地址

程序运行时，程序的所有代码和数据都要事先被调入内存，由操作系统为它们分配特定的内存空间。那么，什么是内存，程序和数据又是如何存放的呢？

内存是以字节为单位的一片连续存储空间，为了便于访问，给每个字节一个唯一的编号，第一个字节编号为 0，以后各单元按顺序连续编号，这些单元编号称为内存单元的“地址”，它相当于每个变量的房间号。变量的数据就存放在地址所标识的内存单元中，变量中的数据就相当于各个房间存放的货物。如果内存中没有对字节编号，系统将无法对内存进行管理。

2. 变量的地址

一般计算机使用的 C 语言系统为整型变量分配 2 个字节（C++ 中整型变量占用 4 个字节），为实型变量分配 4 个字节，为字符型变量分配 1 个字节，为双精度型变量分配 8 个字节。当某一变量被定义后，其内存中的地址也就确定了。

那么，变量在内存中是如何存放的？又是如何使用的呢？下面以不同类型变量的定义、赋值以及在内存中的存放位置来进一步理解变量、地址和指针的含义。

【例 8.1】 不同类型变量的存储形式。

（1）源程序

```
#include <stdio.h>
void main()
{
    int i=5,j=10;                          // 定义两个整型变量 i,j, 并赋值为 5 和 10
    // 定义两个单精度变量 x,y, 并赋值为 0.618 和 3.14159
    float x=0.618,y=3.14159;
    char c1='m',c2='N';                    // 定义两个字符变量 c1,c2, 并赋值为 'm' 和 'N'
    int *p1,*p2;                           // 定义两个指向整型变量的指针变量 p1,p2
    p1=&i;p2=&j;                           // 将 p1 指向 i,p2 指向 j
    printf("i=%d,j=%d\n",i,j);
    printf("x=%f,i=%d\n",x,*p1);
}
```

（2）程序分析

在 C 语言程序中，声明一个变量，根据变量类型的不同，系统会为其分配一定字节数的存储空间，所分配存储空间的第一个字节（首地址）的地址，称为该变量的地址，而变量所分配的存储空间中存放的数据，称为变量的值。

凡是程序中定义的变量，系统编译时都会给它们分配相应的存储空间，如图 8.1 所示。

地　址	内存用户数据区	变　量
	…	
2000	5	*i*
2002	10	*j*
2004	0.618	*x*
2008	3.14159	*y*
2012	*m*	c1
2013	*N*	c2
	…	
3000	2000	p1
3004	2002	p2
	…	

图 8.1　系统编译内存分配图

整型变量 *i* 占内存用户数据区 2000 和 2001 两个字节，*j* 占 2002 和 2003 两个字节，其值分别为 5 和 10；实型变量 *x* 占 2004 ~ 2007 四个字节，*y* 占 2008 ~ 2011 四个字节，其值分别为 0.618 和 3.141 59；字符变量 c1 和 c2 各占一个字节，分别为 2012 和 2013，其值为 'm' 和 'N'。

存放在内存中的程序、数据和变量都有一个地址，用它们所占存储单元的第一个字节的地址来表示。由图 8.1 可知，*i*、*j*、*x*、*y*、c1、c2 的地址分别为 2000、2002、2004、2008、2012、2013。指针变量 p1、p2 本身的地址为 3000、3004，而 p1 和 p2 的存储单元里存放的是变量 *i* 和 *j* 的地址（2000 和 2002），指针变量占用 4 个字节的存储空间。程序中“*p1”表示指针 p1 所指向存储单元的值，因 p1 指向 *i*，*p1 表示变量 *i* 中存储的值为 5。

（3）程序运行

程序运行结果：

```
i=5,j=10
x=0.618000,i=5
```

注意：变量的地址和存储空间的大小与机器以及开发环境有关，这里所给的运行结果只为说明问题，做实验时的运行结果很可能不一样，本章中其他与地址相关例题也是如此。

3. 访问方式

引入指针后，对变量的访问有直接访问和间接访问两种方式。

（1）直接访问

直接访问是指直接利用变量名进行存取的方式。

例如，

```
scanf("%f",&x);
printf("x=%f\n",x);
```

程序在执行第 1 个语句 "scanf ("%f", &x) ; " 时，若从键盘输入 0.618，则 0.618 将被送往起始地址为 2004 的 2004、2005、2006 和 2007 共 4 个字节的内存空间中。执行第 2 个语句 "printf ("x=%f\n", x) ; " 时，系统根据变量名和地址的对应关系找到地址 2004，然后从 2004 开始的 4 个字节中取出实数 0.618 并输出。

在程序中，对变量 *x* 进行存取操作，实际上也就是对某个变量的存储单元地址进行操作。这种直接按变量名进行的访问，称为"直接访问"。

（2）间接访问

间接访问是将变量的地址存放在另一种类型的变量中，通过这种新的变量类型来得到变量的值。C 语言规定，可以在程序中定义整型变量、实型变量、字符变量等，也可以定义一种特殊的变量，专门用来存放变量地址，就是"指针变量"。

例 8.1 程序中声明指针变量 p1（int *p1;），用来存放整型变量 *i* 的地址 2000（p1=&i;），假设系统分配给变量 p1 的内存单元为 3000、3001、3002 和 3003。语句 "printf ("%d\n", *p1);"，通过 p1 存取变量 *i* 的值，首先找到存放变量 p1 的地址 3000，从中取出变量 *i* 的地址 2000，再从 2000 到 2001 号内存单元中取出 *i* 的当前值 5，这种由指针变量 p1 得到变量 *i* 的值的过程，称为"间接访问"。

4. 指针与指针变量

由于通过地址能找到所需的变量单元，因此，可以说地址"指向"该变量单元。所谓"指向"就是通过地址来体现的。前面假设 p1 中的值是变量 *i* 的地址（2000），这样就在 p1 和变量 *i* 之间建立一种联系，即通过 p1 能知道 *i* 的地址，从而找变量 *i* 的内存单元。

在 C 语言中，将地址形象地称为"指针"，意思是通过它，能找到以它为地址的内存单元。一个变量的地址称为变量的"指针"。例如，地址 2000 就是变量 *i* 的指针。一个专门用来存放另一个变量地址的变量（指针），则称它为"指针变量"，如例 8.1 中的 p1，p2。

指针与指针变量的区别类似于变量的值与变量的区别。指针就是地址，变量的指针就是变量的地址，指针变量则是存放地址的变量，指针变量习惯上简称为"指针"。

8.2.2 创建指针

如果在程序中声明一个变量，并使用地址作为该变量的值，那么这个变量就是指针变量。定义指针变量的一般形式为

```
类型说明符　*指针变量名;
```

其中，* 表示这是一个指针变量，变量名即为定义的指针变量名，类型说明符表示本指针变量所指向变量的有效数据类型，也称"基类型"，如 int、float、char 等。

对指针变量的类型说明包括两方面的内容：指针所指向变量的数据类型和指针变量名。指针变量名是指针变量的名称，必须是一个合法的标识符。

指针变量用于存放变量的地址，由于不同类型的变量在内存中占用不同大小的存储单元，所以只知道内存地址，还不能确定该地址上的对象。因此在定义指针变量时，还需要说明该指针变量所指向的内存空间上所存放数据的类型。

例如，

```
int *pi;                    //定义指针变量pi，指向整型变量
float *pf;                  //定义指针变量pf，指向实型变量
char *pc;                   //定义指针变量pc，指向字符型变量
double *pd1,*pd2;           //定义两个指针变量pd1,pd2，指向双精度实型变量
```

注意：定义指针变量要使用指针声明符“*”；定义多个指针变量时，每一个指针变量前面都必须加上“*”。

一个指针变量只能指向同类型的变量。如 pf 只能指向 float 型变量，不能指向一个字符变量或整型变量。

8.2.3 指针变量的赋值

指针变量定义后，变量值不确定，引用前必须先赋值，也称为指针变量的初始化。

1. 将变量的地址赋值给指针变量，使指针指向该变量。

若有如下定义：

```
int a,b,*pa,*pb;
```

语句定义了整型变量 *a*，*b* 及整型指针变量 pa，pb。pa，pb 未进行初始化，因此两个指针没有指向任何变量。

```
a=3;b=5;
pa=&a;pb=&b;
```

上面语句的第二行将变量 *a*，*b* 的地址分别赋给指针变量 pa，pb，使 pa 指向变量 *a*，pb 指向变量 *b*。这样，变量 *a* 又可表示为 *pa，变量 *b* 又可表示为 *pb。

2. 指针变量间的赋值

pa 和 pb 都是整型指针变量，它们之间可以相互赋值。例如，

```
pa=&a;
pb=pa;
```

pa，pb 指向同一个变量 *a*，pa，pb 是等价的。

3. 空指针

局部指针变量若未初始化，则它的值是不确定的，即指向一个不确定的存储单元。如果这时引用指针变量，可能产生不可预料的后果（影响系统的正常运行）。为了避免出现这样的问题，除了上面介绍的给指针变量赋予确定的地址之外，还可以给指针变量赋空值，说明该指针不指向任何变量。

当指针的值为 NULL 时，称该指针为空指针。代表空指针的符号常量 NULL 在头文件 stdio.h 中定义，其值为 0，在使用时应加上包含命令。

例如，

```
#include <stdio.h>
int *p;
p=NULL; 或 p=0; 或 p='\0';
```

【例 8.2】 指针变量赋值。

（1）源程序

```
#include <stdio.h>                              // 头文件
void main()                                     // 主函数
{
   int i=2,j;                                   // 声明变量
   float *pf;                                   // 定义基类型为 float 的指针变量 pf
   pf=&i;                                       // 指针变量赋值
   j=*pf;
   printf("i=%d\tj=%d\n",i,j);                  // 输出
}
```

（2）程序运行

编译执行该程序，得到如下错误提示。

```
warning C4133: '=': incompatible types - from 'int *' to 'float *'
warning C4244: '=': conversion from 'float 'to 'int',possible loss of data
```

根据系统提示，将定义语句（float *pf;）中的指针数据类型修改为 int 后，再次编译执行。程序中，使用间接寻址运算符 * 从指针变量 pf 所指的内存单元中取出值，然后赋值给变量 j，其意义相当于语句“j=i;”。

运行程序，得到如下结果。

```
i=2    j=2
```

（3）程序分析

在该程序中，首先定义 int 型变量 i 和 j，并给变量 i 赋初值 2。其次定义一个类型为 float 的指针变量 pf。然后将 int 型变量 i 的地址赋值给 float 型的指针变量 pf。

在初始化指针变量时，必须保证指针变量所指变量的数据类型与定义指针时的基类型一致。例如，当把一个指针定义为 float 型时，编译器便认为该指针变量存放的地址都是指向 float 型变量。本例开始将 float 型指针指向一个整型变量，所以出现指针类型不一致错误。

8.2.4 指针变量的运算

指针就是地址，指针变量就是变量的地址。指针运算的实质就是地址运算，指针变量的运算主要有赋值、取地址、取内容、加减一个整数等运算。当两个指针指向同一数组时可以进行关系运算。

1. 指针运算符

将指针变量赋值后，就可以使用指针变量参与操作了。指针变量进行操作时最常用的两个运算符是“&”和“*”。

（1）取内容运算符“*”

取内容运算符“*”是单目运算符,其结合性为自右至左,用来表示指针变量所指的变量。在“*”运算符之后跟的变量必须是指针变量。

注意：指针运算符“*”和指针变量说明中的指针说明符“*”所表达的意义是不一样的。在指针变量说明中,“*”是类型说明符,表示其后的变量是指针类型,而表达式中出现的“*”,则是一个运算符，用来表示指针变量所指的变量当前值。

运算符“*”不仅能从指定内存地址取得内容，也可以修改指定内存地址中的内容。

【例 8.3】 指针运算符的运用。

（1）源程序

```
#include <stdio.h>                              // 头文件
void main()                                     // 主函数
{
    int i;                                      // 声明普通变量
    int *pi;                                    // 声明指针变量
    pi=&i;                                      // 指针变量赋值
    i=10;                                       // 普通变量 i 赋初值
    printf("i=%d\t*pi=%d\n",i,*pi);             // 输出变量值及指针所指向变量的值
    *pi=5;                                      // 修改指针所指向存储单元里的值
    printf("i=%d\t*pi=%d\n",i,*pi);             // 输出修改后的值
}
```

（2）程序运行

编译执行这段程序，得到如下结果。

```
i=10    *pi=10
i=5     *pi=5
```

（3）程序分析

在该程序中，首先将变量 *i* 地址赋值给指针变量 pi。然后，将变量 *i* 的值设置为 10，因为指针变量 pi 是指向变量 *i* 的，所以 *pi 得到的值也将是 10，程序输出结果验证这一结果。接着，程序中将常量 5 赋值给指针变量 pi 所指向的内存单元（变量 *i*），因此变量 *i* 的值也随之改变。

这样，*pi 和变量 *i* 都指向完全相同的内存空间，可以互相取代。指针变量 pi、*pi 和变量 *i*、&i 之间的关系，如图 8.2 所示。

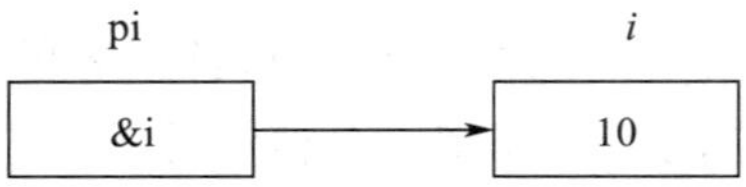

图 8.2　*p* 和 *i* 的关系

在图 8.2 中，变量 *i* 中保存的值为 10，指针变量 pi 中保存的是变量 *i* 的地址（或者说指针变量 pi 指向变量 *i*）。

实际上，可将 *pi 看成是变量 *i* 的一个别名，即这两个名称都可访问同一内存单元。*pi 实质上是经过一次间接寻址才访问到变量 *i* 的内存单元的。其执行过程是首先从指针变量 pi 中获取一个内存地址，再去访问该地址所对应的内存单元。

（2）取地址运算符“&”

取地址运算符“&”是单目运算符，其结合性为自右向左，其功能是取变量的地址。

在程序中，变量的地址是由编译系统分配的，对用户完全透明，用户不知道变量的具体地址。为此，C 语言中提供了地址运算符“&”，可以获取变量的首地址。

其一般形式为

```
& 变量名
```

其中“&”为取地址运算符，变量名为预先声明的变量。例如，&a 表示变量 *a* 的首地址，&b 表示变量 *b* 的首地址。

初始化指针一般就是使用该运算符取得一个变量的地址，并将其赋值给指针变量即可。例如，

```
int i;
int *pi=&i;
```

以上两个语句中，先定义 int 型变量 *i*，再定义 int 型指针变量 pi，并将变量 *i* 的地址赋值到指针变量 pi 中。也可写为以下方式：

```
int i;
int *pi;
pi=&i;
```

以上三个语句中，首先定义 2 个变量，接着将普通变量 *i* 的地址保存到指针变量 pi 中。

注意：变量 *i* 的地址保存在指针变量 pi 中，最后一行中不可在 pi 前面加星号“*”。

不允许把一个常数赋给指针变量，下面的语句在有的编译器中可以编译，但将提示用户注意。在有的编译器中不能编译，而直接提示出错。例如，

```
int *p;
p=2000;
```

这里，指针变量 *p* 不能以常量赋值，但是给指针变量赋初始值为 0 或符号常量 NULL 是允许的，此时表示空指针，不指向任何变量。

【例 8.4】 输入两个数，按从大到小顺序输出，不允许交换输入两数的位置。

（1）算法分析

要将数据按从大到小顺序输出，首先想到的就是把大的数交换到最前面。但是本例不允许交换两数的位置。这时，可使用指针变量完成该任务。

（2）程序设计

```
#include <stdio.h>                          //头文件
```

```
void main()
{
    int a,b;
    int *pmax,*pmin,*pt;                    //定义指针变量
    printf("请输入两个整数: ");
    scanf("%d%d",&a,&b);
    pmax=&a;                                //指针变量赋值
    pmin=&b;
    if (*pmax<*pmin)                        //也可用if(a<b)
    {
        pt=pmax;
        pmax=pmin;
        pmin=pt;
    }
    printf("输入的值: a=%d,b=%d\n",a,b);
    printf("较大值为: %d,较小值为: %d\n",*pmax,*pmin);
}
```

（3）程序说明

在该程序中，首先定义了 2 个整型变量和 3 个整型指针变量，指针变量是可以和其他普通变量在一起定义的。指针变量 pmax 用来保存大数的地址，pmin 用来保存较小数的地址，因为有可能 pmax 和 pmin 要进行数据交换，所以还定义了一个临时指针变量 pt。

用户在输入变量 *a* 和 *b* 的值后，分别将这 2 个变量的地址赋值给 pmax 和 pmin 指针变量，如图 8.3（a）所示。接着比较 *pmax 和 *pmin 的值，若 pmax 所指内存单元的值小于 pmin 所指内存单元的值，则交换两个指针变量的值，如图 8.3（b）所示。交换指针变量所指向变量后，结果如图 8.3（c）所示，使 pmax 始终指向较大值的内存单元。

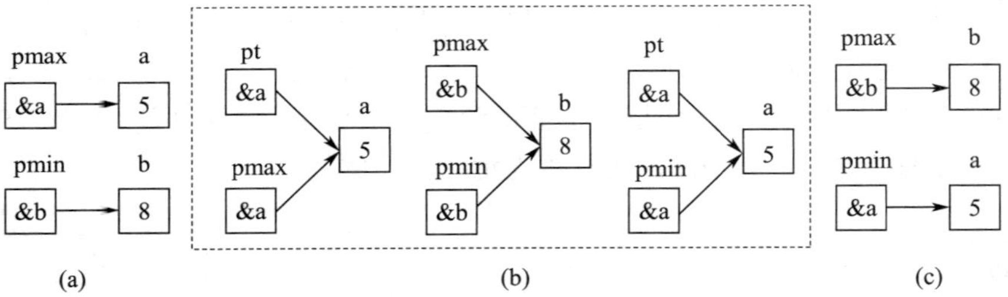

图 8.3　例 8.4 程序执行示意图

注意：在程序中执行交换的时候，是交换指针变量的值，即交换指针变量保存的内存地址值。如果编写以下语句，则是交换变量 *a* 和 *b* 的值。

```
t=*pmax;
*pmax=*pmin;
*pmin=t;
```

上面的代码没有使用 *pt，因为指针变量没有被初始化，若使用“*pt=*pmax”，将一个值赋给一个未知的存储单元，将给系统带来非常大的危险。

2. 指针变量的运算

（1）指针的赋值运算

在引用指针变量前，给指针变量设置一个具体的指向，如例7.4程序中的“pmax=&a; pmin=&b;”。

（2）指针变量与整数的加减运算

指针变量除了能进行赋值、间接访问（取值）运算外，还支持与整数类型的加减法操作。一个指针可以加上或减去一定范围内的一个整数，以此来改变指针的地址值。

① 指针 +1 运算。

该指针指向（物理上的）下一个存储单元的首地址。具体移动的字节数由该指针数据类型（基类型）所占的字节数决定。当基类型为整型时，指针加1，在16位系统上，向下移动2个字节，而在32位系统上，则向下移动4个字节；当基类型为实型时，指针加1，移动4个字节；当基类型为字符型时，指针加1，则移动1个字节。因此，“p=p+n”后，*p*将后移*n*个基类型所占字节数的长度。

② 指针 −1 运算。

与指针 +1 类似，是指向上一个存储单元的首地址。

例如，

```
int a[10],*p=a;
```

*p*是一个指向数组a的首元素的指针，而“p+=1”则表示指针*p*指向了数组元素a[l]，即指向了数组的下一个元素，“p+=1”表达式与“p++”表达式是等效的，都是用来将指针*p*指向下一个数组元素。同理，“p+=2”则表示将*p*指向接下来的第二个元素，即使*p*指向a[2]元素。指针*p*还可以作如下“p++，p−−，p+=i，p−=i，p+i，p−i”等的运算。

注意：指针加1，即“p++”不是简单地将*p*的值加上1，而是将*p*的值加上1倍的它所指向的变量占用的内存字节数。指针加*i*，即“p+=i”是将*p*的值加上*i*倍的它所指向变量占用的内存字节数。对于int型变量（16位），它占用内存的字节数为2，因此“P+=i；”实际上是“p+=2*i”个字节数，对于指针指向的变量为float型的，“p+=i”实际上是“p+=4*i”个字节数，对于指针减去一个整数意义也是如此。

（3）关系运算

具有相同基类型的两个指针变量可以进行关系运算。

例如，假设p1和p2两个指针都指向同一个数组的元素，则p1和p2可进行下列关系运算：>、>=、<、<=、==、!=。

一般来说，指针变量的关系运算，只有在这两个指针变量指向同一个数组时才有实际意义。当测试某指针变量是否为空指针时，可以和NULL进行比较。

例如，假设有下列语句。

```
int arr1[10];
int *p,*q;
p=&arr1[3];
q=&arr1[5];
```

则：

p==q　　结果为“假”，当 p 和 q 指向相同元素时为“真”。

p<q　　结果为“真”，当 p 指向的元素在 q 指向的元素前面时为“真”。

p>q　　结果为“假”，当 p 指向的元素在 q 指向的元素后面时为“真”。

p!=q　　结果为“真”，当 p 和 q 指向不同元素时为“真”。

p==NULL 结果为“假”，当 p 的值等于 NULL 时为“真”。

（4）指针变量的相减运算

具有相同基类型的两个指针变量可以进行相减运算，表示两个指针变量所指向的变量之间间隔的基类型的元素个数。

这种操作，通常当这两个指针变量指向同一个数组时才有实际意义。

例如，假设有下列语句。

```
int arr1[10];
int *p,*q;
p=&arr1[5];
q=&arr1[2];
printf("%d\n",p-q);
```

若 p 的地址为 2006，q 的地址为 2000，则 $p-q$=3。其实 3 是（2006−2000）/2 得到的结果，表示 p 和 q 这两个指针所指对象（arr1[5] 和 arr1[2]）之间指针基类型（此处为整型 2）的元素个数。

运行程序，显示结果：3

说明： 这里的 2 是指基类型所占内存字节数。两个指针变量相减，系统会根据类型自动进行地址运算，而不是两个地址直接相减。

8.2.5 指针变量作为函数的参数

在第 7 章函数的学习中，大家知道 C 语言中的函数参数包括实参和形参，两者的类型要一致。函数参数可以是整型、字符型和浮点型，当然也可以是指针类型。如果将某个变量的地址作为函数的实参，相应的形参就是指针。

当调用函数中的实参是一般变量或常数时，实参与形参之间的数据传递是“单向值传递”的方式，调用函数不能改变实参变量的值。在函数定义时若以指针作为形参，函数调用时，以变量的地址作为实参，实参与形参之间的数据传递也是“单向的值传递”，不可能改变实参地址，但可以改变该实参地址所指向的变量的值。

【例 8.5】 将例 8.4 改为用指针作为函数参数，输入两个数，按从大到小顺序输出。

（1）算法分析

将例 8.4 中的变量交换部分，编写为功能独立的函数，再由主程序调用。

（2）程序设计

```
#include <stdio.h>                              //头文件
void main()
```

```
{
    int a,b;
    int *p1,*p2;                                    // 定义指针变量
    void swap(int *pa,int *pb);                     // 函数声明
    printf("请输入两个整数：");
    scanf("%d%d",&a,&b);
    printf("输入的值：a=%d,b=%d\n",a,b);
    p1=&a;p2=&b;                                    // 指针变量赋初值
    if(a<b)                                         // 条件判断，也可用 if(*p1<*p2)
    swap(p1,p2);                                    // 函数调用，也可用 swap(&a,&b) 实现
    // 输出函数调用后指针 p1,p2 所指变量的值
    printf("较大值为：%d，较小值为：%d\n",*p1,*p2);
    printf("a=%d,b=%d\n",a,b);                      // 函数调用后输出变量 a,b 的值
}
void swap(int *pa,int *pb)                          // 函数定义
{
    int temp;
    temp=*pa;
    *pa=*pb;
    *pb=temp;
}
```

（3）程序运行

```
请输入两个整数：5 8
输入的值：a=5,b=8
较大值为：8，较小值为：5
a=8,b=5
```

（4）程序说明

① 本程序由主函数直接调用 swap() 函数，实参为 main() 函数中的指针变量 p1 和 p2。它们指向变量 *a* 和 *b*，如图 8.4（a）所示。

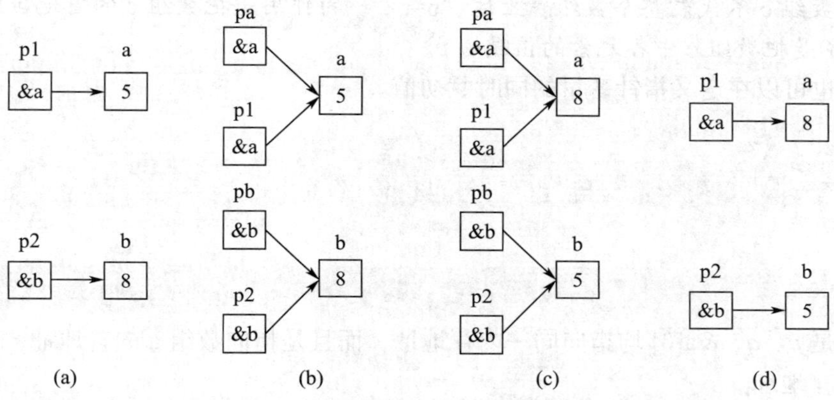

图 8.4　例 8.5 程序执行示意图

② 被调用函数 swap() 的两个形参 pa 和 pb 为与实参类型一致的指针变量。在调用该函数时，p1 和 p2 将其地址值传递给 pa 和 pb，这时 pa 指向变量 *a*，pb 指向变量 *b*，如图 8.4（b）所示。

③ swap() 函数执行过程中，通过引用指针变量来交换 *a* 和 *b* 两个变量的值，如图 8.4（c）所示。

④ swap() 函数结束后，返回到主函数，输出 *a* 为 8，*b* 为 5，如图 8.4（d）所示。

8.3 指针与数组

8.3.1 指针和一维数值数组

1. 定义指向一维数组的指针

一个数组包含若干个元素（变量），在定义时被分配了一段连续的内存单元。因此，可以用一个指针变量来指向数组的首地址，通过该首地址可以依次找到其他数组元素，同样指针变量也可以指向数组中的某一个元素。所谓数组的指针是指数组在内存中的起始地址，数组元素的指针是指各个数组元素在内存中的地址。

有如下语句。

```
int c[10]={0};
int *p;
p=c;
```

C 语言规定，数组名代表数组的首地址，也就是第一个数组元素的地址。因此，下面两个语句是等价的。

```
p=c;                                // 直接将数组名赋给指针 p
p=&c[0];                            // 将数组第 1 个元素的地址赋给指针 p
```

注意：数组 c 不代表整个数组。上述“p=c；”的作用是把数组 c 的首地址赋值给指针变量 *p*，而不是把数组 c 中各元素的值赋给 *p*。

同样，也可以在定义指针变量的同时赋初值。

例如，

```
int *p=&a[0]; 等价于：int *p;p=&a[0];
```

或者：

```
int *p=a;
```

相同点是 *p*、*a*、&a[0] 均指向同一内存地址，而且是指向数组 a 的首地址，也是第 1 个元素 a[0] 的首地址。

不同点是 *p* 是变量，而 a、&a[0] 是常量，其值固定，是首元素的地址。

定义指向数组元素的指针变量的方法，与定义指向变量的指针变量相同。

例如，

```
int c[10],*p;
p=&c[5];
```

指针变量 *p* 指向了数组 c 中下标为 5 的那个元素，即 *p* 用来保存 c[5] 的地址。

【例 8.6】 利用指针对数组中的每一个元素进行输入输出操作。

（1）算法分析

对数组元素的输入输出可以采用下标法和指针法，这里分别用两种方法进行输出，以便比较。

（2）程序设计

```
#include <stdio.h>
void main()
{
    int i,a[5]={5,10,15,20,25};                    //声明数组并初始化
    int *p=a;                                      //定义指针并指向一维数组
    for(i=0;i<5;i++)                               //下标法循环输出数组元素
    {
        printf("a[%d]=%d\n",i,a[i]);
    }
    printf("\n");
    for(i=0;i<5;i++)                               //指针方式循环输出
    {
        printf("*(p+%d)=%d\n",i,*(p+i));
    }
}
```

（3）程序运行

```
a[0]=5
a[1]=10
a[2]=15
a[3]=20
a[4]=25

*(p+0)=5
*(p+1)=10
*(p+2)=15
*(p+3)=20
*(p+4)=25
```

（4）程序说明

在该程序中，首先定义并初始化数组 a，然后将数组 a 的起始地址保存到指针变量 *p* 中。

其次使用 for 循环逐个输出数组中各元素的值。最后使用 for 循环输出指针 *p* 及距离指针 *p* 的距离为 1 ~ 4 的各元素的值。

从执行结果可以看出，数组元素 a[0] 和指针 "*(p+0)" 的值相同，a[1] 和 "*(p+1)" 相同。这时指针和数组元素之间的关系，如图 8.5 所示。

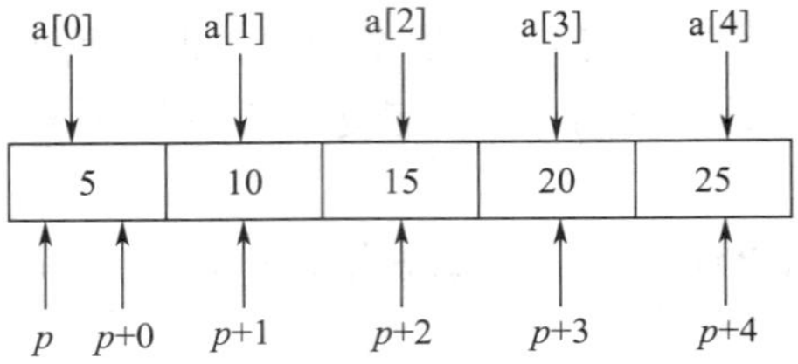

图 8.5 数组与指针示意图

指针 *p*、*p*+0 和数组名 a 均指向同一内存单元，是数组的首地址。"p+1" 表示将指针 *p* 增加一个元素的存储单元长度 "p+sizeof (*p)"，使指针指向数组下一个元素 a[1]，依此类推，可知道 "p+i" 和 &a[i] 指向同一元素。

因此，引入指针变量后，就可以用两种方法访问数组元素。

第一种方法为下标法，即用 a[i] 形式访问数组元素。

第二种方法为指针法，即采用 "* (p+i)" 形式，用间接访问的方法访问数组元素。

前面已经知道，数组名中保存着数组的首地址，也就是数组的指针。因此，也可以使用 "*a" 或 "* (a+0)" 获取数组第一个元素的值，"* (a+1)" 获取第二个元素的值，以此类推。

2. 用指针访问数组元素

同样，当使用指针 *p* 指向数组的首地址后，也可使用 p[0]、p[1]、p[2] 来访问数组元素。这样，指针 *p* 就像是数组 a 的一个别名。例 8.7 对例 8.6 进行修改，用指针访问数组元素。

【例 8.7】 用指针访问数组元素。

（1）算法分析

首先定义数组 a，并将数组首地址赋值给指针 *p*。在程序中，将数组名作为指针使用，输出各元素的值，然后将指针作为数组名的方式使用，输出各元素的值。

（2）程序设计

```
#include <stdio.h>                              //头文件
void main()
{
    int i,a[5]={5,10,15,20,25};                 //声明数组，并初始化
    int *p=a;                                   //指针p指向数组a
    for(i=0;i<5;i++)
    {
        printf("*(a+%d)=%d\n",i,*(a+i));
    }
    printf("\r");
```

```
    for(i=0;i<5;i++)
    {
        printf("p[%d]=%d\n",i,*p++);
    }
}
```

（3）程序运行

```
*(a+0)=5
*(a+1)=10
*(a+2)=15
*(a+3)=20
*(a+4)=25

p[0]=5
p[1]=10
p[2]=15
p[3]=20
p[4]=25
```

从程序执行结果可以看出，当指针指向数组后，对指针变量也可以使用下标方式访问数组中的元素。如果只是使用指针替代数组名，显然没有多大意义，因为可以直接使用数组名加下标来访问。

使用指针操作数组的优点主要体现在对数组元素进行顺序操作时，可使用指针的自增自减运算，快速地对数组各元素进行操作。如上例中程序可以改写为以下形式：

```
printf("*p++=%d\n",*p++);
```

在程序的“*p++”表达式中，首先使用“*p”返回指针指向内存单元的值，供 printf() 函数输出，接着执行“p++”，使指针向后移动。每执行一次循环体，指针便向后移动一个元素的长度，至循环体执行结束后，指针将指向数组后面的一个内存单元。类似的方法，若将例 8.7 中第 8 行的代码改写为以下形式：

```
printf("*(a+%d)=%d\n",i,*a++);
```

这时将会发现程序编译出错，表示不能将数组名改写为这种样式。

注意：指针和数组名还是有区别的。指针是指针变量，可通过运算改变变量保存的值；而数组名是一个指针常量，常量的值是不允许改变的。数组在编译程序时已经分配了固定的内存区域。因此，数组首地址是不允许改变的，数组名就必须被定义为一个指针常量。在操作数组名时，不能使用类似“a++”或“a--”这样的操作，但可以使用 a[i]，“*(a+i)”等方式访问数组元素，数组名（指针）a 的值始终没有改变。

3. 用数组名作为函数参数

数组名可以用作函数的形参和实参。当数组名作为参数被传递时，若形参数组中各元素发生了变化，则原实参数组中各元素的值也随之变化。因为数组名作为实参时，在调用函数时是把数组的首地址传送给形参，因此实参数组与形参数组共占一段内存单元，采用单向的“值传递”方式,形参数组的改变会影响到对应的实参数组。当以数组元素作为实参时，与普通变量作为实参一样，采用单向的“值传递”方式，即使形参数组元素值发生了变化，原实参的数组元素值也不会受影响。

用变量名作为函数参数和用数组名作为函数参数比较，如表 8.1 所示。

表 8.1　函数参数与数组名参数的比较

实参类型	要求形参的类型	传递的信息	实参的值
变量名	变量名	变量的值	不改变
数组名	数组名或指针变量	数组的起始地址	改变

【例 8.8】 用自定义函数中形参为指针的方式，求一维数组的平均值。

（1）算法分析

首先定义数组 a，并将数组首地址赋值给指针 *p*。在程序中，通过函数调用，实现求一维数组平均值。函数定义时，定义第一个形参为指针，第二个形参为数组元素的个数，可使函数更具有通用性。函数调用时，实参为指向数组 a 的指针 *p*，形参为指针 p1，形实结合后，对 p1 的操作就是对 *p* 的操作，也就是说 *p* 和 p1 指向同一存储单元。

（2）程序设计

```
#include <stdio.h>
void main()
{
    int i;
    float a[10],ave,*p;                          //定义一维数组和指针
    float pj(float *p1,int n);
    p=a;                                         //使指针指向一维数组
    for(i=0;i<10;i++)
    {
        scanf("%f",&a[i]);                       //下标法循环输入数组元素
    }
    ave=pj(p,10);
    printf("%7.2f\n",ave);
}
float pj(float *p1,int n)
{
    int i;
    float ave,s=0;
    for(i=0;i<n;i++)                             //指针方式循环输出
    {
        s=s+*p1;
        p1++;
    }
```

```
    ave=s/n;
    return ave;
}
```

（3）程序运行

程序运行结果：

```
输入：1 2 3 4 5 6 7 8 9 10
输出：5.50
```

（4）程序说明

指针 *p* 为实参，而指针 p1 为形参，利用指针 p1 的地址求出的平均值即数组 a 的平均值。通常在处理指向数组的指针作为函数的参数时，调用时并不知道数组的长度，因此，应将数组的长度也作为参数传递过去。如语句“float pj（float *p1，int n）;”，此时，pj 函数就可以实现求任意长度数组的平均值。

8.3.2　指针和二维数值数组

1. 二维数组的地址

一维数组在内存中的起始地址是数组的指针，数组名是一维数组起始元素的常指针，数组元素在内存中顺序存放。二维数组的表示方法与一维数组类似，同样也可以利用指针法来表示二维数组。

可以将二维数组理解为一个特殊的一维数组，其数组元素又是一个一维数组。例如，有下列二维数组定义：

```
int a[3][4]={{1,2,3,4},{5,6,7,8},{9,10,11,12}};
```

则数组名为 a，它有 3 行 4 列共 12 个元素。

```
0 行：a[0][0]   a[0][1]   a[0][2]   a[0][3]
1 行：a[1][0]   a[1][1]   a[1][2]   a[1][3]
2 行：a[2][0]   a[2][1]   a[2][2]   a[2][3]
```

经初始化后，如图 8.6 所示。

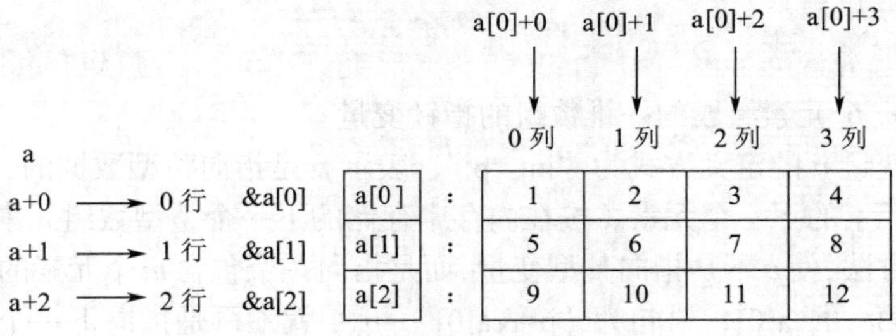

图 8.6　二维数组的逻辑结构

a 是该二维数组的数组名，包含三个元素，即 a[0]、a[1] 和 a[2]。每个元素 a[i] 又是一个包含四个元素的一维数组，如 a[0][0]、a[0][1]、a[0][2] 和 a[0][3] 可以看成是一维数组 a[0] 的四个元素。

&a[i] 和 a+i 表示第 *i* 行的首地址，指向行。该行的其他元素地址也可以用 a[i] 加序号来表示，如 a[i]+1，a[i]+2，a[i]+3。

a[i]、*（a+i）和 &a[i][0] 等价，表示第 *i* 行第 0 列元素的地址，指向列。

a[i] 从形式上看是数组 a 中第 *i* 个元素。如果 a 是二维数组名，则 a[i] 代表一维数组名，a[i] 本身并不占实际的内存单元，它也不存放数组中各个元素的值，它只是一个地址。a、a+i、a[i]、*（a–i）+j、a[i]+j 都是地址，而 *（a[i]+j）、*（*（a+i）+j）是数组元素的值。具体举例如表 8.2 所示。

表 8.2　数组元素表举列

表示形式	含　　义	举　　例
a	二维数组名，数组首地址，0 行首地址	地址 2020
a[0]，*（a+0），*a	第 0 行第 0 列元素地址	地址 2020
a+1，&a[1]	第 1 行首地址	地址 2028
a[1]，*（a+1）	第 1 行第 0 列元素地址	地址 2028
a[1]+2，*（a+1）+2，&a[1][2]	第 1 行第 2 列元素地址	地址 2032
（a[2]+2），（*（a–2）+2），a[2][2]	第 2 行第 2 列元素值	该元素的值

2. 指向二维数组的指针变量

（1）指向数组元素的指针变量

例如，

```
int a[3][4];
int *p;                          //p 表示 a[0][0] 数组元素的地址，指向数组元素
p=&a[0][0];                      // 等价于 p=a[0]
```

用二重循环表示时，可用“*（p+4*i+j）”表示 a[i][j]，指针 *p* 每增加 1，表示指向二维数组内存中的下一个元素，也可用单重循环计算数组元素的和，例如，

```
for(i=0;i<12;i++)
    s=s+*(p+i);
```

（2）指向由 *m* 个元素组成的一维数组的指针变量

上面的指针变量 *p* 的定义方式为“int *p;”，表示 *p* 是指向整型数据的，*p*+1 所指向的元素是所指向的列元素的下一个元素（按在内存中存储的下一个整型数组元素）。

如果换一种方法，使 *p* 不是指向整型变量，而是指向一个包含 *m* 个元素的一维数组。这时，如果让 *p* 先指向第一行 a[0]，语句为“p=&a[0]”，*p*+1 就不再是指向下一个数组元素，而是指向下一行 a[1]，*p* 的增值以一维数组的长度为单位。

例如，

```
int a[3][4];
int (*p)[4];
p=&a[0];                                    // 等价于p=a;
```

p 表示指向一个具有四个整型数值的一维数组，此处的 4 与二维数组第二维下标值相同。*p*+1 移动一次，跳过四个元素。

根据地址概念，可以用以下六种形式表示 a[i][j] 这个数组元素。

```
*(*(p+i)+j)           *(p[i]+j)           p[i][j]
*(*(a+i)+j)           *(a[i]+j)           a[i][j]
```

说明：

① 当“*”或“[]”有两个时，表示数组元素，如 *（*（p+i）+j）；

② 只有一个“*”或“[]”时，表示地址，如 a[1]，p[1]，*（p+1）；

③ 没有“*”或“[]”时，表示地址的地址，如 p，a。

【例 8.9】 输出二维数组 a 中各个数组元素的值。

方法一：用下标法输出二维数组。

程序代码：

```
#include <stdio.h>
void main()
{
   int i,j;
   int a[3][4]={{1,2,3,4},{5,6,7,8},{9,10,11,12}};
   for(i=0;i<3;i++)
   {
      for(j=0;j<4;j++)
         printf("%4d",a[i][j]);              // 下标法
      printf("\n");
   }
}
```

方法二：用指向数组元素的指针来实现。

程序代码：

```
#include <stdio.h>
void main()
{
   int i,j,*p;
   int a[3][4]={{1,2,3,4},{5,6,7,8},{9,10,11,12}};
   p=&a[0][0];                               // 指向二维数组的第一个元素
   for(i=0;i<3;i++)
   {
      for(j=0;j<4;j++,p++)                   // p++ 指向二维数组中下一个数组元素
```

```
        printf("%4d",*p);
      printf("\n");
    }
}
```

方法三：用指向行的指针变量（*p）[4] 来实现。

程序代码：

```
#include <stdio.h>
void main()
{
    int i,j;
    int a[3][4]={{1,2,3,4},{5,6,7,8},{9,10,11,12}};
    int (*p)[4];              // 定义指向由 4 个元素组成的一维数组的指针 p
    p=&a[0];                  // 指向特殊的一维数组第一个元素（二维数组的第一行）
    for(i=0;i<3;i++)
    {
      for(j=0;j<4;j++)
        printf("%4d",*(*(p+i)+j));        //p+i 表示指向第 i+1 行
      printf("\n");
    }
}
```

程序运行结果：

```
1   2   3   4
5   6   7   8
9  10  11  12
```

三种方法比较：

第一种方法是下标法，比较直观，能直接知道是第几行第几列元素。C 语言编译系统是将每一个数组元素 a[i][j] 转化成 *（*（a+i）+j）处理的，即先计算元素地址，执行效率较低。

第二种方法是将指针指向第一个数组元素，指针每移动一次，按数组元素在内存的存放顺序依次处理，一次跳过一个数组元素。

第三种方法是采用指向二维数组行的指针变量方法，指针每移动一次，跳过该行 *M* 列元素。

后两种方法用指针变量直接指向数组元素，不必每次重新计算地址，提高了执行效率。

8.3.3 指针和字符数组

1. 用字符数组存放一个字符串

例如，

```
char str[]="I am a student.";
printf("%s\n",str);
```

2. 用字符指针指向一个字符串

（1）直接用字符指针指向字符串中的字符

例如，

```
char *str="I am a student.";          //定义 str 为指针变量，并指向字符串的首地址。
printf("%s\n",str);
```

在这里没有使用字符数组，而是定义了一个字符指针变量 str，指向该字符串的首地址。

（2）字符指针指向已定义的字符数组

例如，

```
char *p;
char str[20]={"I am a student."};
p=str;
printf("%s\n",p);
```

也可以直接赋值。例如，

```
char str[20]={"I am a student."},*p=str;
```

C 语言对字符串常量是按字符数组进行处理的，在内存中开辟了一个字符数组的存储单元空间来存放字符串常量。程序中，在定义字符指针变量 str 时，把字符串的首地址赋给 str。str 只能指向一个字符变量或其他字符类型数据，不能同时指向多个字符数组，更不能理解为把字符串中的全部字符存放到 str 中（指针变量只能存放地址）。在输出时，利用字符型指针 str 或 p 的移动来控制输出，直到遇到字符串结束标志 '\0' 为止。

注意： 通过字符数组名或字符指针变量可以一次性输出的只有字符数组（字符串），而对一个数值型的数组，是不能企图用数组名输出它的全部元素的，只能借助于循环逐个输出数组元素。

3. 指向字符串的指针变量操作

当定义一个字符指针变量指向字符串后，通过该指针变量对字符串进行的操作有两种方式。

（1）对字符串中的字符进行操作

对字符串中的字符进行操作，与前面介绍过的通过指针变量引用普通数组元素的方法类似，用“* 指针变量名”实现引用，并通过指针变量的运算实现移动，指向不同的字符进行处理。唯一不同的是，判断一个字符串的结束需要通过判断“是否遇到字符串的结束标志 '\0'”来实现，因为字符数组存放的字符串长度通常小于数组的长度。

（2）对字符串进行整串操作

用指向字符串或字符数组的指针名作为字符串或字符数组的代表，表示其存储区域的起始位置，可实现对字符串的整体操作。在输入输出时，用控制符“%s”来控制。

例如，

```
char *p;
scanf("%s",p);
```

或

```
char *p;p="C language";
printf("%s",p);
```

这里，p 与 "%s" 对应，代表整个字符串，系统自动从字符串的第一个字符开始，逐个输出每一个字符，直到遇到字符串结束标志 '\0' 为止。

注意： 输出时，p 前面一定不能有“*”。

```
scanf("%s",p); 功能与字符串函数 gets() 类似，进行字符串整体输入；
printf("%s",p); 功能与字符串函数 puts() 类似，进行字符串整体输出。
```

例如，

```
char *p;
gets(p);
```

或

```
char *p;p="C language";
puts(p);
```

与前例等价。

【例 8.10】 通过循环语句控制，逐个输出字符串中的字符。

（1）算法分析

首先定义字符指针 *p*，并赋以字符串常量“Computer”，此时字符指针存放字符串常量首元素的地址。输出时，通过循环依次输出字符指针当前所指字符，并移动指针到下一个字符，直到遇到字符串结束标志 '\0' 。

（2）程序设计

```
#include <stdio.h>
void main()
{
    char *p;
    p="Computer";
    while(*p!='\0')                    // 判断是否为字符串结束标志 '\0'
    {
        printf("%c",*p);               // 输出字符指针当前所指向存储单元中的字符
        p++;                           // 移动字符指针到下一个元素位置
    }
}
```

（3）程序运行

程序运行结果：

```
Computer
```

（4）程序说明

printf() 函数中的格式控制符用“%c”对应，表示每循环一次，指针变量 *p* 加 1，指向

下一个字符，当指针变量指向字符串结束字符 '\0' 时，结束循环并结束整个程序；也可以用格式控制符“%s”来实现对字符串的整体输出，如将上面的循环部分改为“printf("%s",p);”，程序运行结果同上。

4. 指向字符串的指针作函数参数

字符指针作为函数的参数，与指向普通一维数组的指针基本相同。唯一不同的是指向普通一维数组的指针作为参数时，通常还要加一个表示数组长度的参数；而字符指针作为函数参数时不用加表示字符长度的参数。因为在子函数中，判断普通一维数组的结束，只能通过数组长度来判断，而判断一个字符串的结束，则需要通过判断“是否遇到字符串结束标志 '\0'”即可，因此不用考虑字符串长度。

将一个字符串从一个函数传递到另一个函数，可以用地址传递的办法，即用字符数组名作为参数或用指向字符串的指针变量作为参数，进行传递。

字符串指针变量作为函数实参时，形参可以是字符指针变量或字符数组名。当字符数组名作为函数实参时，形参可以是字符数组名，同样也可以是字符指针变量。

【例 8.11】 把一个字符串的内容复制到另一个字符串中，并且不能使用 strcpy() 函数。

（1）算法分析

由于不能使用字符串复制函数 strcpy()，只能采用依次读取每个字符并复制的方式实现字符复制。

首先定义字符指针 *pa，*pb 和字符数组 b。在程序中，通过函数调用，实现对字符串的复制。函数定义时，两个形参均为指针，通过循环判断第一个形参指针是否指向字符串结束标志实现字符复制。函数调用时，第一个实参为字符指针 pa，第二个实参为指向字符数组 b 的指针 pb，形实结合后，对形参 p1 的操作就是对实参 pa 的操作，对形参 p2 的操作就是对实参 pb 的操作，也就是说 pb 和 p2 指向同一存储单元。

（2）程序设计

```
#include <stdio.h>
void main()
{
    char *pa="welcome",b[100],*pb;
    void copystring(char *p1,char *p2);     // 函数声明
    pb=b;                                   // 字符指针变量 pb 指向字符数组 b
    copystring(pa,pb);                      // 函数调用，实参为字符指针
    printf("源字符串为：%s\n",pa);
    printf("赋值字符串为：%s\n",pb);
}
void copystring(char *p1,char *p2)
{
    while(*p1!='\0')                        // 字符串长度由字符串结束标志'\0'决定
    {
        *p2=*p1;
        p1++;
```

```
        p2++;
    }
    *p2=*p1;
}
```

（3）程序运行

程序运行结果：

```
源字符串为：welcome
赋值字符串为：welcome
```

5. 字符指针变量和字符数组的区别

虽然字符数组和字符指针变量都能实现对字符的存储和运算，但两者之间有如下区别。

（1）存入内容不同

字符串指针变量本身是一个变量，用于存放字符串的首地址，而字符串本身是存放在以该首地址为首的一块连续的内存空间中，并以 '\0' 作为字符串结束标志。

字符数组是由若干个数组元素组成，可用来存放整个字符串。

（2）赋值方式不同

字符数组可以在定义时对其整体赋初值（初始化），但在赋值语句中不能完成整体赋值。

例如，

```
char str[20]={"I am happy."};                    // 正确赋值
char str[20];
str="I am happy.";                               // 错误赋值
```

其中，str 为数组名，是数组首元素的地址，为常数，不能直接赋值，只能对字符数组的各个元素逐个赋值，如 str[5]='h'。而字符指针变量既可以在定义时赋初值，也可以在赋值语句中，相对来说要比字符数组使用更灵活。

```
char *ps="I am happy.";
```

或

```
char *ps;
ps="I am happy.";
```

（3）存放地址方式不同

如果定义了一个字符数组，在编译时，系统会为它分配一段连续的内存单元，它的地址是确定的。当定义了一个字符指针变量后，就要给该指针变量分配内存单元，以存放一个字符串的地址值，也就是说，该指针变量可以指向一个字符型数据。但如果未对它赋以一个地址值，则它并未具体指向一个确定的字符数据。如：

```
char s[10];
scanf("%s",s);
```

是可以的。但用以下的方法是极其危险的。

```
char *s;
scanf("%s",s);
```

因为编译时虽然给指针变量 *s* 分配了内存单元，*s* 的地址（&s）已经指定了，但 *s* 的值并未指定。在 *s* 单元中是一个不可预料的值，在执行 scanf() 函数时要求将一个字符串输入到 *s* 所指向的一段内存单元中，即以 *s* 的值（地址）开始的一段内存单元。但 *s* 的值却是不可预料的，它可能指向内存中空白的存储区（未用的用户存储区），这样固然可以，但它也有可能指向内存中已存放指令或数据的有用内存段。这就会破坏程序，甚至破坏系统，造成严重的后果。可以这样修改，

```
char *p,s[10];                    //定义字符指针和字符数组
p=s;                              //字符指针 p 指向字符数组 s
scanf("%s",p);                    //将从键盘输入的字符串存到以 p 为首地址的存储空间
```

先使 *p* 有确定值，也就是使 *p* 指向一个数组的首地址，然后输入一个字符串，把它存放在以该地址开始的若干单元中。

（4）修改方式不同

在程序中指针变量的值可以改变，而数组名是不能修改的。例如，

```
char *s="china";
s=s+2;                            //修改字符指针，向下移动两个元素
printf("%s",s);
```

指针变量 *s* 的值可以改变，当要输出字符串时，从 *s* 当前所指向的单元开始输出各个字符（本题中从字符 *i* 开始输出），直到遇到 '\0' 为止。数组名虽然代表了地址，但它的值是一个固定的值，是不能改变的。因此下面的用法是错误的。

```
char str[]={"china"};
str=str+2;                        //str 为常量，不能修改
```

8.3.4 指向指针的指针

所有变量都有地址，指针变量也不例外。如果一个指针变量存放的又是另一个指针变量的地址，则称这个指针变量为指向指针的指针变量，简称为“指向指针的指针”，也称为“二级指针”。

二级指针变量的主要用途之一是作为函数参数，用来访问另一个指针变量。

定义指向指针数据的指针变量的一般形式为

```
类型说明符 ** 指针变量名;
```

在指针变量名前使用了两个“*”号。右边的“*”表示该变量是指针类型的变量,左边的“*”号表示该变量所指的对象是指针变量。这里的指针变量名为二级指针变量，将指向一个一级指针变量。“类型说明符”为一级指针变量所指向的变量的数据类型。

一个指针变量可以保存整型变量、实型变量、字符型变量的地址（也称为指向这些变

量），也可以指向指针类型变量。二级指针变量也用来保存一个变量的地址，一般是使用取地址运算符，将一级指针变量的地址保存到该变量中。

例如，

```
int i=10;
int *p1=&i;
int **pp2=&p1;
```

第二行语句定义一级指针变量 p1，指向变量 *i*。第三行语句定义二级指针变量 pp2，指向变量 p1。三者之间关系如图 8.7 所示。

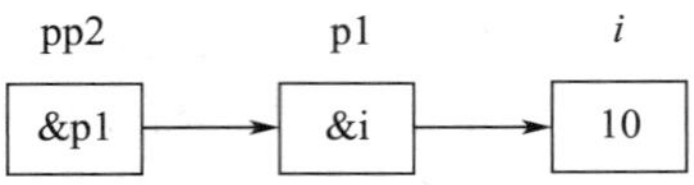

图 8.7　p1、pp2 与 *i* 之间的关系

在表达式中，*p1 表示指针变量 p1 所指向的存储单元的内容，即得到变量 *i* 的值。按这种规则，对于二级指针变量，使用 *pp2 得到的是一级指针变量 p1 的值，对该地址再次使用运算符 * 可得到一级指针变量 p1 所指向变量的值。

【例 8.12】 指向指针的指针。

（1）程序代码

```
#include <stdio.h>                               // 头文件
void main()
{
    int i=10;
    int *p=&i;                                   // 一级指针变量 p 声明并初始化
    int **pp=&p;                                 // 二级指针变量 pp 声明并初始化
    printf(" 二级指针变量 pp 指向地址：%d\n",pp);                    // 输出
    printf(" 变量 p 的地址：%d\n",&p);
    printf(" 一级指针变量 p 指向地址：%d\n",p);
    printf(" 变量 i 的地址：%d\n",&i);
    printf("i=%d\n",i);
    printf("p=%d\n",p);
    printf("*p=%d\n",*p);
    printf("pp=%d\n",pp);
    printf("*pp=%d\n",*pp);
    printf("**pp=%d\n",**pp);
}
```

（2）程序运行

程序运行结果：

```
二级指针变量 pp 指向地址：1638208
变量 p 的地址：1638208
一级指针变量 p 指向地址：1638212
```

```
变量 i 的地址：1638212
i=10
p=1638212
*p=10
pp=1638208
*pp=1638212
**pp=10
```

（3）输出语句的功能说明

第 1 个 printf() 语句输出变量 pp 的值，即其指向的一级指针变量 *p* 的地址。

第 2 个 printf() 语句使用取地址运算符 &，也可得到一级指针变量 *p* 的地址。

第 3 个 printf() 语句输出变量 *p* 的值，即其指向的变量 *i* 的地址。

第 4 个 printf() 语句使用取地址运算符也可得到变量 *i* 的地址。

第 5 个 printf() 语句输出变量 *i* 的值。

第 6 个 printf() 语句输出变量 *p* 的值，与第 11 行输出结果相同。

第 7 个 printf() 语句输出表达式 *p 的值，即一级指针变量指向变量的值，也就是变量 i 的值。

第 8 个 printf() 语句输出变量 pp 的值，与第 7 行输出结果相同。

第 9 个 printf() 语句输出表达式 *pp 的值，取二级指针变量指向的一级指针变量的值，也就是一级指针变量 *p* 的值——变量 *i* 的内存地址。

第 10 个 printf() 语句输出表达式 **pp 的值，由于运算符 * 是右结合，该表达式可理解为 *（*pp）。*pp 从第 9 个输出可知道是一级指针变量 *p* 的值，因此 **pp 可看成 *p，即和第 5 个的输出相同，输出变量 *i* 的值。

从以上程序中知道，对于二级指针变量，使用一个 * 运算符得到的是一个内存地址（表示一级指针变量的值），使用两个 * 运算符，可得到所指变量的值。

8.3.5　指针数组和数组指针

数组指针是一个指针，其指向的数据类型由一个数组构成（将数组作为一个数据类型看待）；而指针数组的本质是一个数组，数组中的每一个元素用来保存一个指针变量。

1. 指针数组的概念

指针数组是指针变量的集合。数组中的每一个元素都是指针，且具有相同的存储类别，并指向相同的数据类型。指针数组通常用来处理字符串数组，提高字符串处理的灵活性或数据结构中的十字链表等，本节主要介绍使用指针数组处理多个字符串的问题。

指针数组定义的一般形式为

```
类型说明符 * 数组名 [ 数组长度 ]
```

其中，类型说明符为指针所指向变量的类型。

例如，

```
char *p[5]={"C language","Pascal","Fortran","Java","C#"};
```

由于运算符“[]”比运算符“*”优先级高，因此 *p* 先与 [5] 结合，形成 p[5] 形式，表示是一个具有 5 个元素的数组。然后再与 p 前面的“*”结合，“*”表示此数组是指针类型，所以 *p[5] 表示 p 是一个指针数组，它有 5 个数组元素，每个元素值都是一个指针，指向 char 型变量。

比较下列两个程序段。

程序段一：

```
#include <stdio.h>
void main()
{
    int i;
    char language[5][8]={"C","Pascal","Fortran","Java","C#"};
    for(i=0;i<8;i++)
        printf("%c",language[1][i]);
    printf("\n");
}
```

程序段二：

```
#include <stdio.h>
void main()
{
    int i;
    char language[5][8]={"C","Pascal","Fortran","Java","C#"};
    printf("%s\n",language[1]);
}
```

这两个程序段都是输出字符串“Pascal”，显然，程序段二更简洁。

另外，数组在定义时就确定了大小，每行元素的个数是固定的，当字符串长度不等时，就会造成空间的浪费。

例如，

```
char s[5][8]={"C","Pascal","Fortran","Java","C#"};
```

这个语句中，第二维的长度由最长字符串决定，造成空间浪费。

数组 *s* 的存储情况如图 8.8（a）所示。用指针数组 *p* 指向多个字符串，如图 8.8（b）所示。试比较图 8.8（a）与图 8.8（b）的存储效率。

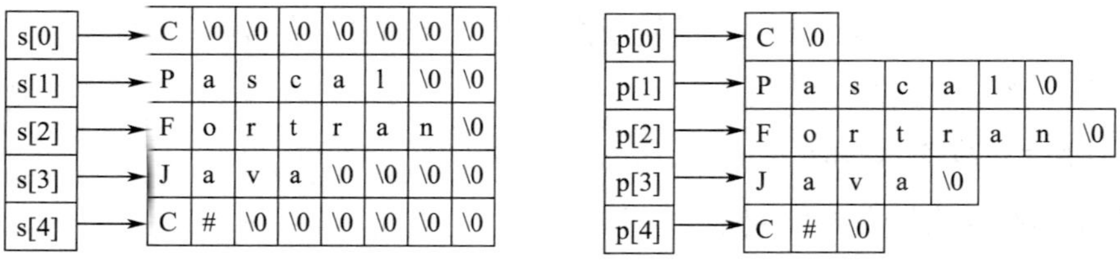

(a) 用二维数组s存储多个字符串　　(b) 用指针数组p指向多个字符串

图 8.8　二维数组和指针数组存放多个字符串所占存储空间比较

二维数组和指针数组初始化时对内存的使用情况是不同的。用二维数组时，每行的长度是相同的，需要按最大长度定义列数，这样可能会浪费内存。用指针数组时，没有定义行的长度，只是分别在内存中存储不同长度的字符串，然后用指针数组的元素分别指向它们，不浪费内存单元。使用字符串指针数组可以方便处理字符串，节省存储空间。

2. 数组指针

二维数组指针变量是单个的变量，其定义的一般形式为

```
类型说明符 (* 指针变量名 ) [ 数组长度 ]
```

其中，“(* 指针变量名)” 两边的括号不可少。

例如，

```
int a[3][4];
int (*p)[4];
p=a;
```

而指针数组表示的是多个指针的集合，其定义形式中 “* 数组名” 两边不能有括号。

下面的语句：

```
int *p[4];
```

表示 *p* 是一个指针数组，有 4 个下标变量 p[0]、p[1]、p[2]、p[3]，均为指针变量。

【例 8.13】 用指针数组输出二维数组 a 中各个数组元素的值。

程序代码：

```
#include <stdio.h>
void main()
{
    int i,j;
    int a[3][4]={{1,2,3,4},{5,6,7,8},{9,10,11,12}};
    int *p[3];                   //p 为具有 3 个指向整型元素的指针数组
    p[0]=a[0];                   // 第一个指针数组元素 p[0] 指向二维数组第一行
    p[1]=a[1];                   // 第二个指针数组元素 p[1] 指向二维数组第一行
    p[2]=a[2];
    for(i=0;i<3;i++)
    {
        for(j=0;j<4;j++)
            printf("%4d",*(*(p+i)+j));
        printf("\n");
    }
}
```

8.3.6 主函数 main() 的形参

指针数组的一个重要应用是作为 main() 函数的形参。到目前为止，所编写的 main() 函

数都不带参数，事实上 main() 函数是可以带参数的。如果 main() 函数带参数，但它又不能被其他函数调用，那么参数由谁提供呢？显然不可能从程序中得到，只有系统调用 main() 函数时，才能提供实参，而实参是由命令行提供的。在操作命令状态下，实参是和执行文件的命令一起给出的。例如，在 DOS、UNIX 或 Linux 等系统的操作命令状态下，在命令行中包括了命令名和需要传给 main() 函数的参数。

通常，DOS 提示符下命令行的一般形式为

```
可执行文件名 参数 1 参数 2 …… 参数 n
```

说明：命令名和各个参数之间用空格分隔。

带参数的 main() 函数格式为

```
int main(int argc,char *argv[])
```

其中，argc 为命令行中参数的个数（包括可执行文件名），元素个数随命令行参数而定。argv 为一个字符指针数组，每个指针数组元素都指向命令行中的一个参数（字符串）。

通常 main() 函数和其他函数组成一个文件模块，有一个文件名。对这个文件进行编译和连接，得到可执行文件（后缀为 .exe）。用户执行这个可执行文件，操作系统就调用 main() 函数，然后由 main() 函数调用其他函数，从而完成程序的功能。

例如，如果有一个带参数的 main() 函数，它所在文件名为 exam，将该文件通过编译、连接之后生成 exam.exe，然后在该文件所在的路径下输入以下命令：

```
exam computer language
```

此时，argc 的值为 3，argv 的元素个数为 3，argv 的内存分配情况如图 8.9 所示。

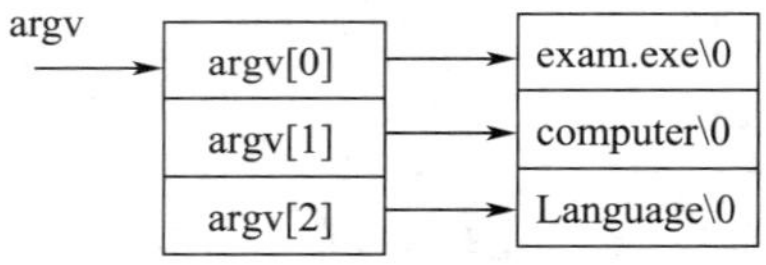

图 8.9 argv 的内存分配情况

【例 8.14】 输出除可执行文件名以外的命令行参数。

```
#include <stdio.h>
void main(int argc,char *argv[])
{
   int i;
   for(i=1;i<argc;i++)
      printf("%s",argv[i]);
   printf("");
}
```

若程序生成 exam.exe 文件后，设命令行为

```
exam computer language
```

则输出：

```
computer language
```

若命令行输入：

```
exam you are welcome.
```

则输出为

```
you are welcome.
```

8.3.7 指向函数的指针变量

指向函数的指针变量简称函数指针。如同整型指针指向整型变量，字符型指针指向字符型变量一样，函数指针是指向一个函数的指针变量。C语言程序在编译时，每一个函数都有一个入口地址（程序代码的起始地址，即第一个指令的地址），该入口地址就是函数指针。有了指向函数的指针后，可通过指针调用函数，与指针引用普通变量一样。

函数指针有两个用途，即调用函数和作为函数的参数。

定义指向函数的指针变量的一般形式为

```
类型标识符 (* 指针变量名 ) ();
```

其中，类型标识符为函数返回值的类型。

例如，

```
int (*p)();
```

表示 p 被定义为指向返回值为整型的函数的指针变量，专门用来存放函数的入口地址。

说明：由于“()”的优先级高于“*”，所以指针变量名外的括号必不可少，表示变量名先与“*”结合成为指针变量，然后再与后面的括号“()”结合，表示该指针指向函数。

【例8.15】 用指向函数的指针变量，求三个整数的最大值。

（1）算法分析

定义一个函数指针变量 int（*p）（int，int），可以调用具有相同返回值类型及相同形参类型及个数的不同函数，调用后，由函数指针变量将函数值的入口地址带回。如求两个整数的最大值和最小值的不同函数均可由函数指针调用后返回，更具有通用性。

（2）程序设计

```
#include <stdio.h>
int max(int x,int y);                              // 函数声明
void main()
{
   int a,b,c,m;
   int (*p)(int,int);                              // 指向函数的指针变量声明
   p=max;              // 指针变量赋初值，表示将函数 max 的入口地址赋值给指针变量 p
   scanf("%d%d%d",&a,&b,&c);
   m=(*p)(a,b);                                    // 调用 max 函数，等价于 m=max(a,b)
   m=(*p)(m,c);
```

```
    printf("a=%d,b=%d,c=%d,max=%d\n",a,b,c,m);
}
int max(int x,int y)
{
    return(x>y)?x: y;
}
```

（3）程序运行

程序运行结果：

```
输入：3 5 8
则输出：a=3,b=5,c=8,max=8
```

（4）程序说明

用函数名 max 给指针变量赋值时，max 后面不带括号，也不带参数，与数组名一样，函数名 max 代表函数在内存的首地址。指针 *p* 经过赋值后，就指向函数 max() 的第一条指令，接着就可以用 *p* 来调用该函数了。

p 和 max 的相同点是它们都指向同一个位置，函数入口地址；不同点是 *p* 是一个指针变量，它可以指向任何函数。在程序中把哪个函数的地址赋给它，它就指向哪个函数，也就是说它可以指向不同的函数，而 max 是常量，它的值不能改变。

8.3.8 指针与动态内存分配函数

1. 动态内存分配的概念

第 6 章学习了数组的定义与应用，知道数组长度必须事先规定，且只能是常整数，不能是变量。数组一旦定义，长度不能改变，数组所占存储空间在函数执行期间不能释放，直到该函数执行后由系统释放。这种由编译器事先确定的数组必须大开小用，指针必须指向一个已经存在的变量或对象，导致存储空间的浪费，而动态内存分配很好地解决了这个问题。

通常在定义变量或数组时，编译器在编译时都可以根据该变量和数组的类型及大小知道所需内存空间的大小，系统在适当的时候为它们分配确定的存储空间。这种内存分配称为静态存储分配；有些操作对象只在程序运行时才能确定，这样编译时就无法为它们预定存储空间，只能在程序运行时，系统根据运行时的要求进行内存分配，这种方法称为动态存储分配。

2. 动态内存分配的优点

使用动态内存分配至少有三个优点。一是可以更有效地使用内存，例如，考虑到程序的通用性，可能需要建立 1 000 个字符串，每个字符串要容纳 30 个字符，总共需要 30 000 字节的存储空间。如果程序某次运行时，只使用了 30 个字符串，那么，就有 29 100 字节的存储空间被占而不用，显然，浪费是很可观的。使用动态分配，就可以减少这种浪费；二是同一段内存可作为不同的用途，因为动态内存在使用时申请，用完就释放，这样，这一段内存就可以被再申请；三是允许建立链表等动态数据结构。

3. 使用动态内存分配的步骤

使用动态内存分配，必须遵循以下几个步骤。

①要确切地规定需要多少内存空间，以避免存储空间的浪费，也可为其他数据留有空间。

②利用 C 编译系统提供的动态分配函数来分配所需要的存储空间。

③使指针指向获得的内存空间，以便在该空间内实施运算或操作。

④当用完之后，一定要释放这一空间。如果不释放获得的存储空间，可能会把堆上的内存花光。

只有正确使用内存动态分配，才能提高存储效率。

4. 动态内存分配函数

使用内存动态分配，通常要用到四个函数：calloc() 和 malloc() 用于动态申请内存空间；realloc() 用于重新改变已分配的动态内存的大小；free() 用于释放不再使用的动态内存。ANSI 建议将这四个函数都定义在标题文件 stdlib.h 中。因此，如果在 Turbo C 环境下使用动态内存，一定要包含 stdlib.h 文件。

（1）malloc() 函数

函数原型：void *malloc（unsigned int size）;

函数功能：动态分配 size 个字节的连续空间。

例如，

```
int *p=(int *) malloc(80);
```

malloc() 函数的功能是请求系统分配 80 个字节的内存空间，如果请求分配成功，则返回第一个字节的地址，如果分配不成功，则返回 NULL

（2）calloc() 函数

函数原型：void *calloc（unsigned n，unsigned size）;

函数功能：在内存的动态存储区中分配 n 个长度为 size 的连续空间，这个空间一般比较大，足以保存一个数组。

用 calloc() 函数可以为一维数组开辟动态存储空间，n 为数组元素个数，每个元素长度为 size。这就是动态数组。函数返回指向所分配域的起始位置的指针；如果分配不成功，返回 NULL。例如，

```
p=calloc(50,4);
```

开辟 50×4 个字节的临时分配区域，并把起始地址赋给指针变量 p。

为了给指定类型的数据进行动态分配，一般常用 sizeof 来确定该类型数据所占字节数。如下面的调用

```
float *p;
p=(float *)calloc(500,sizeof(float));
if (p==NULL)
exit(1);
```

如果成功，可得到供 500 个实型数据分配的动态内存的起始地址，并把这个起始地址

赋给指针变量 p，利用该指针就能对该区域里的数据进行操作或运算。

（3）动态重分配函数 realloc()

函数原型：void *realloc（void *p，unsigned int size）；

函数功能：用 realloc() 函数将 p 所指向的动态空间的大小改变为 size。p 的值不变。如果重分配不成功，返回 NULL。

如果已经通过 malloc() 函数或 calloc() 函数获得了动态空间，想改变其大小，可以用 realloc() 函数重新分配。例如，

```
realloc(p,50);                        //将 p 所指向的已分配的动态空间改为 50 字节
```

其中，p 是指向动态内存起始地址的指针，其功能是对 p 所指向的已动态分配的内存区重新进行分配，新分配的大小为 size 字节。调用该函数的结果是返回新分配内存区的起始地址。允许新内存区大于或小于老内存区。例如，

```
char *p;
if ((p=(char *)malloc(17))==NULL))
exit(1);
strcpy(p,"this is 16 chars");
p=(char *)realloc(p,18);
if (p==NULL)
exit(1);
strcat(p,".");
```

先用 malloc() 申请 17 个字节的内存存放 16 个字符的字符串，又用 realloc() 重新申请 18 个字节的内存（在原申请的内存基础上增加了 1 字节），以便在字符串的末尾增加一个“.”字符。

在 realloc（p，size）中，若 p=NULL，它就相当于 malloc（size）的功能；若 size=0，则相当于下面要介绍的 free() 的功能。

（4）释放动态内存函数 free()

函数原型：void free（void *ptr）；

函数功能：释放指针变量 p 所指向的已分配的动态空间，p 应是最近一次调用 calloc() 或 malloc() 函数时得到的函数返回值。该函数没有返回值，故定义为 void 型。

例如，在 realloc() 程序的末尾增加以下两条语句。

```
puts(p);
free(p);
```

表示将得到的字符串打印出来以后，就将申请的动态内存释放。

【例 8.16】 用指针和动态内存分配函数实现求 100 ~ 300 之间的素数。

（1）算法设计

求某一范围的素数是大家很熟悉的算法，前面用循环、数组和函数均有介绍。循环方法是用二重循环将满足条件的数输出；数组方法是事先定义足够大的数组长度，以存放满足条件的数；函数方法是将求素数的过程以自定义函数的形式实现，更具有通用性。为更好的利用存储空间，通过指针和动态内存分配函数根据程序执行的需要，获取存储空间存放符合

条件的数，提高了存储效率。

（2）程序设计

```
#include <stdio.h>
#include <math.h>                              //数学函数应包含的头文件
#include <stdlib.h>                            //动态内存分配函数应包含的头文件
void main()
{
    int m,k=0;
    int *p1;
    int prime(int n);                          //素数判断函数声明
    for(m=101;m<=300;m=m+2)                    //对 100 到 300 以内所有奇数进行处理
    {
        if(prime(m)==1)
        {
            p1=(int *)malloc(sizeof(int));     //有素数，就动态申请存储空间
            *p1=m;                             //存放素数
            printf("%5d",*p1);                 //打印素数，每个数占 5 列
            k=k+1;                             //素数个数加 1
            if(k%5==0) printf("\n");           //每输出 5 个数就换行
            free(p1);
        }
    }
    printf("\n100 到 300 以内的素数个数共有 %d 个 \n",k);          //统计素数个数
}
int prime(int n)                               //素数判断的函数定义
{
    int i,k,f=1;                               //置素数的标志为真
    k=(int)sqrt(n);                            //将 m 的平方根取整存入 k 中
    for(i=2;i<=k;i++)
        if(n%i==0){
        f=0;break;
        }
    return f;
}
```

（3）程序运行

程序运行结果：

```
101  103  107  109  113
127  131  137  139  149
151  157  163  167  173
179  181  191  193  197
199  211  223  227  229
233  239  241  251  257
```

```
263  269  271  277  281
283  293
```

100 ~ 300 以内的素数个数共有 37 个。

8.4 指针应用及实例

【例 8.17】 二战时期，某谍报组织为防止情报在传递中被泄露，遂制订如下情报规则，所有偶数位上的字符才是组成情报的有效字符，如情报上的内容为

```
    atmhyev tpblwacnl koqfe razs3smavshsfiunxaotpizo9nd lixsw ohiejlgdf cansy
psxcvheendku7lwezdc
```

实际情报为

```
the plan of assassination is held as scheduled(该刺杀计划如期进行)。
```

请编写程序，实现提取情报的过程。

（1）算法分析

首先使用字符数组存放字符串，设计一个指针变量 p，使其初始时指向字符串的第二个字符，通过指针变量 p 遍历偶数位上的元素，使用循环与间接访问方式输出对应的数据元素。

（2）程序设计

```
#include <stdio.h>
void main()
{
    char str[]="atmhyev tpblwacnl koqfe razs3smavshsfiunxaotpizo9nd lixsw
                ohiejlgdf cansy psxcvheendku7lwezdc";
    char *p;                              //定义一个指针变量
    printf("情报为：");
    //指针变量初始指向第二个字符 p=str+1,以后每次向下移动两个字符 p=p+2
    for(p=str+1;*p!='\0';p=p+2)           //移动指针变量直到字符串结尾
        printf("%c",*p);                  //利用间接访问方式逐个输出偶数位的数组元素的值
    printf("\n");
}
```

（3）程序运行

程序运行结果：

```
情报为：the plan of assassination is held as scheduled
```

【例 8.18】 将例 8.9 改写二维数组指针方式。

程序代码为

```
#include <stdio.h>                        //头文件
```

```
void main()
{
    int a[3][3]={{1,2,3},{4,5,6},{7,8,9}};          //声明并初始化
    int (*p)[3];                          //指针变量p指向具有三个整数的一维数组的指针
    int i;
    p=a;                                  //二维数组的首地址赋值给指针变量p
    for(i=0;i<3;i++)                      //循环输出
    {
        printf("%d %d %d\n",*(p[i]+0),*(p[i]+1),*(p[i]+2));
    }
}
```

以上程序与例 8.9 方法三比较，发现代码很相似。不同的地方是在 main() 函数开始处，定义的是一个二维数组指针（该语句只是定义了一个变量，而不是具有三个元素的数组）。然后通过“p=a”语句，将二维数组的首地址赋值给指针变量 *p*，*p* 增加 1，跳过三个数组元素，指向下一行。

【例 8.19】 输入一行字符，统计单词的个数（包括单词间有多个空格的情况）。

（1）算法分析

本题有多种解法，本例采用指针移动的方法来实现。

从字符串的开始检查字符串中的每个字符，如果是空格则将指针指向下一个字符，跳过这个空格，继续上面的过程；如果不是空格，则探索下一个空格的位置（当前位置到下一个空格之间是一个单词），将指针移到下一个空格处，同时单词数增加 1，继续检查后面的字符。

（2）程序设计

```
#include <stdio.h>
void main()
{
    char *p,str1[100];
    int i,count=0;
    p=str1;
    printf("\n请输入一行字符：\n");
    gets(str1);
    while(*p!='\0')
    {
        if(*p==' ')
            p++;
        else{
            count++;
            i=0;
            while(*(p+i)!=' ' && *(p+i)!='\0')
                i++;
            p+=i;
```

```
        }
    }
    printf "一行字符中有 %d 个单词 \n",count);
}
```

（3）程序运行

程序运行结果：

```
请输入一行字符：You are a student.
```

一行字符中有四个单词

习 题 8

一、选择题

（1）设已有定义“float x;”则以下对指针变量 *p* 进行定义且赋初值的语句中正确的是 ______。

A. float *p=1024;　　B. int *p=(float)x;

C. float p=&x;　　D. float *p=&x;

（2）若有以下程序

```
#include <stdio.h>
main()
{
    int m=1,n=2,*p=&m,*q=&n,*r;
    r=p;p=q;q=r;
    printf("%d,%d,%d,%d\n",m,n,*p,*q);
}
```

程序运行后的输出结果是 ________。

A. 2,1,2,1　　B. 1,2,1,2　　C. 1,2,2,1　　D. 2,1,1,2

（3）若有以下定义“int x[10], *pt=x;”则对 x 数组元素的正确引用是 ________。

A. pt+3　　B. *&x[10]　　C. *(pt+10)　　D. *(x+3)

（4）有以下程序

```
#include <stdio.h>
main()
{
    int a[3][4]={1,3,5,7,9,11,13,15,17,19,21,23},(*p)[4]=a,i,j,k=0;
    for(i=0;i<3;i++)
        for(j=0;j<2;j++) k=k+*(*(p+i)+j);
    printf("%d\n",k);
}
```

程序运行后的输出结果是 ________。

A. 108　　B. 68　　C. 99　　D. 60

（5）设有以下函数：

```
void fun(int n,char *s)
{ …… }
```

则下面对函数指针的定义和赋值均正确的是 ________。

A. void (*pf)(int,char); pf=&fun;　　B. void *pf(); pf=fun;

C. void *pf(); *pf=fun;　　D. void (*pf)(int, char*); pf=fun;

（6）若有以下程序

```
#include <stdio.h>
int k=7,m=5;
void f(int **s)
{
    int *t=&k;
    s=&t;
    *s=&m;
    printf("%d,%d,%d,",k,*t,**s);
}
main()
{
    int i=3,*p=&i,**r=&p;
    f(r);
    printf("%d,%d,%d\n",i,*p,**r);
}
```

则程序的输出结果是 ________。

A. 7,5,5,3,3,3　　B. 7,5,7,3,3,3　　C. 7,5,7,3,5,7　　D. 7,7,5,3,3,3

（7）有以下程序

```
#include <stdio.h>
int b=2;
int fun(int *k)
{ b=*k+b; return (b); }
main()
{
    int a[10]={1,2,3,4,5,6,7,8},i;
    for(i=2;i<4;i++)
    {
        b=fun(&a[i])+b;
        printf("%d",b);
    }
    printf("\n");
}
```

程序运行后的输出结果是 ________。

A. 10 28　　B. 8 10　　C. 10 12　　D. 10 16

二、填空题

（1）写出下面程序的运行结果 ________。

```
fun (char *s)
{
    char *p=s;
    while(*p)p++;
    return(p-s);
}
main ( )
{
    char *a="abcdefg";
    printf("%d\n",fun(a));
}
```

（2）当运行以下程序时，写出输入 4↙ 的程序运行结果。

```
sub(char *a,char b)
{
    while(*(a++)!='\0');
        while(*(a-1)<b)
            *(a--)=*(a-1);
        *(a--)=b;
}
main ( )
{
    char s[]="765321",c;
    c=getchar( );
    sub(s,c); puts(s);
}
```

三、操作题

（1）定义三个整数及整数指针，仅用指针方法按由小到大的顺序输出。

（2）编写一个求字符串的函数（参数用指针），在主函数中输入字符串，并输出其长度。

（3）利用指向行的指针变量求 5×3 数组各行元素之和。

第 9 章 用户自己建立数据类型

9.1 自定义数据类型的引入

9.1.1 问题与引例

C 语言提供了一些由系统已定义好的基本数据类型，如 int，char，float 等，可以用于解决一些一般的问题。但是生活中有许多较为复杂的问题，在这些问题中一组数据往往具有不同的数据类型。例如，在一个学生登记表中可能需要包括学号 num（整型或字符型）、姓名 name（字符型）、性别 sex（字符型）和成绩 score（整型或实型）这些数据。如图 9.1 所示，可以看到 num，name，sex，score 这些数据都属于一名叫 Li ping 的学生，因为数据类型不同，所以不能用数组进行存储和处理，而如果将这些数据分别定义为独立的简单变量却很难表现它们的内在联系。因此，需要用户自己定义一种新的数据类型来进行处理。

num	name	sex	score
10011	Li ping	M	90.5

图 9.1　学生登记表中的数据

9.1.2 结构体的基本概念

在 C 语言中用户可以自定义由不同类型的数据组合而成的组合型数据结构——结构体（structure）。它相当于其他高级语言中的记录（record）。结构体是由若干“成员”组成的，每一个成员可以是一个基本数据类型或者又是一个自定义数据类型。

9.2 结构体类型

9.2.1 结构体类型的定义和使用

1. 结构体类型的定义

定义一个结构体的一般形式为

```
struct 结构体名  (struct 是声明结构体类型时必须使用的关键字，不能省略)
{
    成员表列
};
```

其中，成员表列由若干个成员组成，每个成员都是该结构体的一个组成部分。对每个成员必须作类型说明，其形式为

```
类型说明符 成员名;
```

从上面图 9.1 的例子出发，在程序中建立一个结构体类型：

```
struct student                    //定义结构体 student 类型，含有 4 个成员
{
    int num;                      //学号 num 为整型
    char name[20];                //姓名 name 为字符串
    char sex;                     //性别 sex 为字符型
    float score;                  //成绩 score 为实型
};                                //最后必须要有分号
```

在这个结构体的定义中，结构体名为 student，该结构体由 num，name，sex，score 这四个成员组成。这个结构体类型与系统提供的标准类型（如 int，char，float 等）具有相似的作用，都可以用来定义变量，只不过标准类型是系统已经声明的，而结构体类型是用户根据需要自己建立的数据类型。

注意：结构体的成员名可以与程序中其他变量同名，互不干扰。

结构体的成员也可以属于另一个结构体类型，构成嵌套的结构体，例如，

```
struct Date                       //声明一个结构体类型 struct Data
{
    int year;                     //年
    int month;                    //月
    int day;                      //日
};
struct student                    //声明一个结构体类型 struct student
```

```
{
    int num;
    char name[20];
    char sex;
    float score;
    struct Date birthday;              //学生生日birthday属于struct Date类型
};
```

首先声明一个结构体类型struct Data，它有三个成员：year（年），month（月），day（日）。在struct student中，成员birthday为struct Date类型。struct student的结构如图9.2所示。

<table>
<tr><td rowspan="2">num</td><td rowspan="2">name</td><td rowspan="2">sex</td><td rowspan="2">score</td><td colspan="3">birthday</td></tr>
<tr><td>month</td><td>day</td><td>year</td></tr>
</table>

图 9.2　嵌套的结构体

2. 结构体类型变量的定义

在前面建立了一个结构体类型，但它只相当于一个未建成的房屋图纸，并没有定义变量，其中没有具体数据，系统也不会给它分配存储单元。为了能在程序中使用结构体类型的数据，首先要定义结构体类型的变量。

结构体类型与结构体变量是不同的概念，在编译时系统只对变量分配空间而不给类型分配空间，因此只能对变量进行赋值、存取和运算。

定义结构体变量有以下三种方法，以上面定义的结构体student为例来加以说明。

（1）先定义结构体，再定义结构体变量

例如，

```
struct student
{
    int num;
    char name[20];
    char sex;
    float score;
};
struct student boy1,boy2;           //定义struct student类型的变量boy1,boy2
```

这段代码定义了boy1和boy2为struct student类型的变量，boy1和boy2都具有struct student类型的结构。

（2）在定义结构体类型的同时定义结构体变量

这种形式定义的一般形式为

```
struct 结构体名
{
    成员表列
}变量名表列;
```

例如，

```
struct student
{
    int num;
    char name[10];
    char sex;
    float score;
}boy1,boy2;                                   //定义变量boy1,boy2
```

它的作用与第一种方法相同。这个方法在某些情况下比较方便，但面对某些复杂的程序时，要使程序结构清晰，一般对类型的声明和对变量的定义都分别放在不同的地方，因此在这种情况下一般不过多使用这种方法。

（3）直接定义结构体变量

这种形式定义的一般形式为

```
struct
{
    成员表列
} 变量名表列 ;
```

例如，

```
struct
{
    int num;
    char name[10];
    char sex;
    float score;
}boy1,boy2;                              //定义变量boy1,boy2
```

第三种方法与第二种方法的区别在于第三种方法中省去了结构体名，而直接给出结构体变量。因此不能再以此结构体类型去定义其他变量，这种方法用的较少。

三种方法中定义的结构体变量 boy1、boy2 都具有图 9.3 所示的结构。

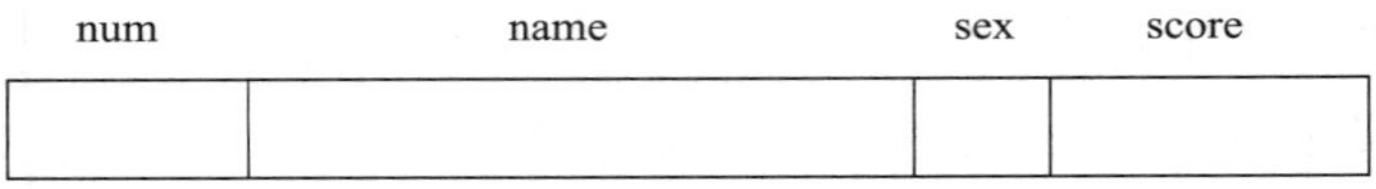

图 9.3 boy1、boy2 变量的结构

3. 结构体类型变量的引用与赋值

在程序中使用结构体变量时，一般不把它作为一个整体来使用。在 ANSI C 中除了允许具有相同类型的结构体变量可以相互赋值以外，一般对结构体变量的使用，包括赋值、输入、输出、运算等都是通过结构体变量的成员来实现的。

结构体变量成员引用的一般形式为

```
结构体变量名 . 成员名
```

例如,

```
boy1.num                                        // boy1 的学号
boy2.sex                                        // boy2 的性别
```

如果结构体变量成员本身又是一个结构体，则必须逐级找到最低级的成员才能使用。例如,

```
boy1.birthday.month                             //boy1 出生的月份
```

成员可以在程序中单独使用，与普通变量完全相同。结构体变量的赋值就是给各个成员赋值，因此给结构体变量的赋值和给普通变量赋值一样可用输入语句或赋值语句来完成。同类的结构体也可以互相赋值。

例如，给结构体变量赋值并输出其值。

```
#include <stdio.h>
void main()
{
   struct student                                // 定义结构体
   {
      int num;
      char *name;
      char sex;
      float score;
   } boy1,boy2;
   boy1.num=102;                                 // 结构体成员赋值
   boy1.name="Zhang ping";
   printf(" 输入性别和成绩: \n");
   scanf("%c %f",&boy1.sex,&boy1.score);         // 结构体成员输入
   boy2=boy1;                          //boy1 与 boy2 为同类结构体可以整体赋值
   printf("Number=%d\nName=%s\n",boy2.num,boy2.name);    // 结构体成员输出
   printf("Sex=%c\nScore=%f\n",boy2.sex,boy2.score);     // 结构体成员输出
}
```

程序定义了 struct student 结构体，有四个成员，同时定义了结构体变量 boy1 和 boy2。使用赋值语句给 boy1 的 num 和 name 两个成员赋值，其中 name 是一个字符指针变量。接着用 scanf() 函数动态地输入 boy1 的成员 sex 和 score 的值，然后把 boy1 的所有成员的值整体赋予 boy2，最后分别输出 boy2 的各个成员值。本例表示了结构体变量的赋值、输入和输出的方法。

和其他类型变量一样，可以在定义时对结构体变量进行初始化赋值。

例如，定义结构体变量并初始化。

```
struct student                                   //定义结构
{
    int num;
    char *name;
    char sex;
    float score;
} boy1={102,"Zhang ping",'M',78.5};              //结构体变量boy1初始化赋值
```

在 boy1 后面的花括号中依次提供各成员的值，这些初始值给出的顺序与定义结构体时各成员排列的顺序相同，即 102，"Zhang ping"，'M'，78.5 按顺序分别赋给 boy1 变量中的成员 num，name，sex，score。

注意：是对结构体变量初始化而不是给结构体类型初始化。

9.2.2 结构体数组

1. 结构体数组的定义

上面说到一个结构体变量可以存放一个学生的数据，而实际生活中的问题可能要同时使用数十个甚至上百个学生的数据。如果我们把这些数据组成数组，那么处理这些数据时会更方便。

数组的元素可以是结构体类型的，因此可以构成结构体数组。结构体数组的每一个元素都是具有相同结构体类型的带有下标的结构体变量。

定义结构体数组的一种形式为

```
struct 结构体名
{
    成员表列
} 数组名[常量表达式];
```

上面提到的三种定义结构体变量的方法略作修改都可以用来定义结构体数组。

例如，

```
struct student
{
    int num;
    char *name;
    char sex;
    float score;
}boy[5];
```

定义了一个结构体数组 boy，共有五个元素，boy[0] ~ boy[4]。每个数组元素都具有 struct student 的结构体形式。

2. 结构体数组的初始化

可以对结构体数组进行初始化赋值。结构体数组的初始化就是在定义结构体数组时，在结构体数组的后面加上初值表列。一般形式为

```
struct 结构体名
{
   成员表列
} 数组名 [ 常量表达式 ]={ 初值表列 };
```

例如，

```
struct student
{
   int num;
   char *name;
   char sex;
   float score;
}
boy[5]={{101,"Li ping",'M',45},
        {102,"Zhang ping",'M',62.5},
        {103,"He fang",'F',92.5},
        {104,"Cheng ling",'F',87},
        {105,"Wang ming",'M',58};
      }
```

当对全部元素作初始化赋值时，也可不给出数组的长度。

【例 9.1】 计算学生的平均成绩和不及格的人数。

（1）算法分析

本例首先定义一个结构体数组 boy 并初始化；其次将结构体数组中每一个元素的 score 成员的值求和，若小于 60，则计数；最后求出平均成绩。

（2）程序设计

```
#include <stdio.h>
struct student
{
   int num;
   char *name;
   char sex;
   float score;
}
boy[5]={{101,"Li ping",'M',45},                    // 结构体数组初始化
        {102,"Zhang ping",'M',62.5},
        {103,"He fang",'F',92.5},
        {104,"Cheng ling",'F',87},
        {105,"Wang ming",'M',58}};
```

```
void main()
{
    int i,c=0;
    float ave,s=0;
    for(i=0;i<5;i++)
    {
        s+=boy[i].score;                       //结构体数组元素的 score 成员求和
        if(boy[i].score<60)
            c+=1;                              //score 成员小于 60 时，计数
    }
    ave=s/5;                                   //计算平均成绩
    printf("average=%f\ncount=%d\n",ave,c);
}
```

9.2.3 结构体指针

1. 指向结构体变量的指针

结构体指针，顾名思义就是指向结构体变量的指针，一个结构体变量的起始地址就是这个结构体变量的指针。如果把一个结构体变量的起始地址存放在一个指针变量中，这个指针变量就是一个结构体指针。可以通过结构体指针变量访问该结构体变量，这个与数组指针的情况相同。

定义结构体指针变量定义的一般形式为

```
struct 结构体名 *结构体指针变量名
```

例如，在前面的例子中定义了 student 这个结构体，如果要定义一个指向该结构体的指针变量 *p*，可写为

```
struct student *p;
```

当然也可在定义 student 结构体的同时定义结构体指针变量 *p*，与前面讨论的各类指针变量相同，结构体指针变量也必须要先定义后使用。

结构体指针变量赋值是把结构体变量的首地址赋给该指针变量（如图 9.4 所示），不能把结构体名赋给该指针变量。例如，如果 boy 是被说明为 student 类型的结构体变量，则 p=&boy 是正确的，而 p=&student 是错误的。

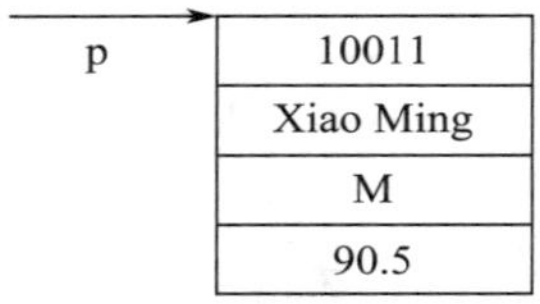

图 9.4　指针 p 指向结构体变量的首地址

有了结构体指针变量，就能更方便地访问结构体变量的各个成员。访问结构体变量成员的一般形式为

```
(*结构体指针变量).成员名
```

例如，

```
(*p).num
```

或为

```
结构体指针变量 -> 成员名
```

例如，

```
p->num
```

注意：（*p）两侧的括号不可少。因为成员符“.”的优先级高于“*”。如去掉括号写作 *p.num，则等效于 *（p.num），这样意义就完全不对了。

【例 9.2】 阅读分析使用结构体指针变量的程序。

```
#include <stdio.h>
struct student
{
   int num;
   char *name;
   char sex;
   float score;
} boy1={102,"Zhang ping",'M',78.5},*p;      //定义结构体变量 boy1 和结构体指针 p
void main()
{
   p=&boy1;
   printf("Number=%d\nName=%s\n",boy1.num,boy1.name);
   printf("Sex=%c\nScore=%f\n\n",boy1.sex,boy1.score);
   printf("Number=%d\nName=%s\n",(*p).num,(*p).name);
   printf("Sex=%c\nScore=%f\n\n",(*p).sex,(*p).score);
   printf("Number=%d\nName=%s\n",p->num,p->name);
   printf("Sex=%c\nScore=%f\n\n",p->sex,p->score);
}
```

程序运行的结果为

```
Number=102
Name=Zhang ping
Sex=M
Score=78.500000

Number=102
Name=Zhang ping
Sex=M
Score=78.500000
```

```
Number=102
Name=Zhang ping
Sex=M
Score=78.500000
```

本例程序定义了一个 student 类型结构体变量 boy1 并作了初始化赋值，还定义了一个指向 student 类型的结构体指针变量 *p*。在 main() 函数中，*p* 被赋予 boy1 的地址，因此 *p* 指向 boy1。然后在 printf() 语句内用三种形式输出 boy1 的各个成员值。从运行结果可以看出：

```
结构体变量 . 成员名
(* 结构体指针变量 ). 成员名
结构体指针变量 -> 成员名
```

这三种用于表示结构成员的形式是完全等效的。

2. 指向结构体数组的指针

指针变量可以指向一个结构体数组，这时结构体指针变量的值是整个结构体数组首元素的首地址。结构体指针变量也可以指向结构体数组中的一个元素，这时结构体指针变量的值是该结构体数组元素的首地址。

设 ps 为指向结构体数组的指针变量，则 ps 也指向该结构体数组的第 0 号元素，ps+1 指向 1 号元素，ps+*i* 则指向 *i* 号元素，这与普通数组的情况是一致的。

【例 9.3】 用指针变量输出结构体数组。

```
#include <stdio.h>
struct student
{
    int num;
    char *name;
    char sex;
    float score;
}boy[5]={{101,"Zhou ping",'M',45},
         {102,"Zhang ping",'M',62.5},
         {103,"Liou fang",'F',92.5},
         {104,"Cheng ling",'F',87},
         {105,"Wang ming",'M',58}};
void main()
{
    struct student *ps;              //ps 为指向结构体 student 类型的指针
    printf("No\tName\t\t\tSex\tScore\t\n");
    for(ps=boy;ps<boy+5;ps++)        //ps 指向 boy 数组的第一个元素，然后进行循环
       printf("%d\t%s\t\t%c\t%f\t\n",ps->num,ps->name,ps->sex,ps->score);
}
```

在程序中，定义了 student 结构体类型的外部数组 boy 并作了初始化赋值。在 main() 函数内定义 ps 为指向 student 类型的指针。在循环语句 for 的表达式 1 中，ps 被赋予 boy 的

首地址，然后进入循环，每次循环执行 ps++，使 ps 自加 1，这时 ps 的值的增量是结构体 struct student 的长度，因此第一次执行 ps++ 后，ps 的值等于 boy+1，ps 指向 boy[1]，即图 9.5 中 ps′ 的指向，下一次循环 ps 再自加 1，即 ps 的值等于 boy+2 以此类推循环五次，最后输出 boy 数组中各成员的值。

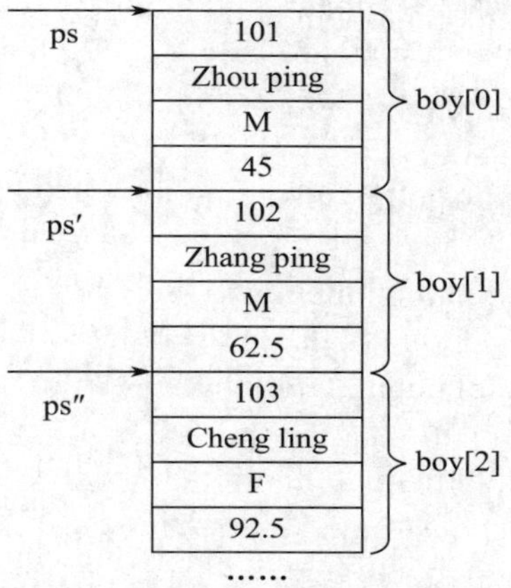

图 9.5　结构体指针指向结构体数组

注意：一个结构体指针变量虽然可以用来访问结构体变量或结构体数组元素的成员，但不能使它直接指向一个成员，也就是说不允许取一个成员的地址来赋给结构体指针变量。因此，下面的赋值是错误的。

```
ps=&boy[1].sex;
```

而只能是：

```
ps=boy;                                    //赋予数组首地址
```

或者是：

```
ps=&boy[0];                                //赋予 0 号元素首地址
```

在 ANSI C 标准中允许用结构体变量作函数参数进行整体传送，但是这种传送要将全部成员逐个传送，特别是成员为数组时将会使传送的时间和空间开销很大，严重地降低了程序的效率。因此最好的办法就是使用指针，即用指针变量作函数参数进行传送。这时由实参传向形参的只是地址，从而减少了时间和空间的开销。

【例 9.4】 用结构体指针变量作为函数的参数求一组学生的平均成绩和不及格人数。

（1）算法分析

本例先定义一个结构体数组 boy，并初始化；然后再定义一个指向结构体数组的指针，使用指针将结构体数组中每一个元素的 score 成员的值求和，若小于 60，则计数；最后求出平均成绩。

（2）程序设计

```
#include <stdio.h>
struct student
{
```

```
    int num;
    char *name;
    char sex;
    float score;
} boy[5]={{101,"Li ping",'M',45},
          {102,"Zhang ping",'M',62.5},
          {103,"He fang",'F',92.5},
          {104,"Cheng ling",'F',87},
          {105,"Wang ming",'M',58}};
void main()
{
    struct student *ps;
    void average(struct student *ps);
    ps=boy;
    average(ps);
}
void average(struct student *ps)
{
    int c=0,i;
    float ave,s=0;
    for(i=0;i<5;i++,ps++)
    {
        s+=ps->score;
        if(ps->score<60)
            c+=1;
    }
    printf("s=%f\n",s);
    ave=s/5;
    printf("average=%f\ncount=%d\n",ave,c);
}
```

本程序中定义了函数 average()，其形参为结构体指针变量 ps。boy 被定义为外部结构体数组，因此在整个源程序中有效。在 main() 函数中定义说明了结构体指针变量 ps，并把 boy 的首地址赋给它，使 ps 指向 boy 数组，然后以 ps 作实参调用函数 average()。在函数 average() 中完成计算平均成绩和统计不及格人数的工作并输出结果。

由于本程序全部采用指针变量作运算和处理，故速度更快，程序效率更高。

9.3 链　　表

9.3.1 什么是链表

数组在存储器中占用了一段连续的存储空间，若要在数组中插入新的元素或者删除一个元素，是比较困难的，因为无论是插入还是删除元素都要移动一批数组元素，数据移动的量是比较大的。假如用数组存放一个班级的学生的数据，如果其中一个学生通过转专业到其他班级，那就要在这个数组中移除这个学生的数据，这样就需要把后面所有学生的数据向前移动，而且如果不知道班级的人数，就必须把数组定义得足够大，这样严重浪费了内存。这种情况下使用链表可以避开这些问题。

链表是一种常见的重要的数据结构，是动态地进行存储分配的一种结构。链表是由若干个结点链接而成的，每个结点是一个结构体。在结点结构中第一个结点称为头结点，每个结点都分为两个域：一个是数据域，用来存放各种用户需要的实际数据；另一个域用来存放下一结点的首地址，这个用于存放地址的成员，通常把它称为指针域。如图 9.6 所示是一种简单的链表结构（单向链表）。

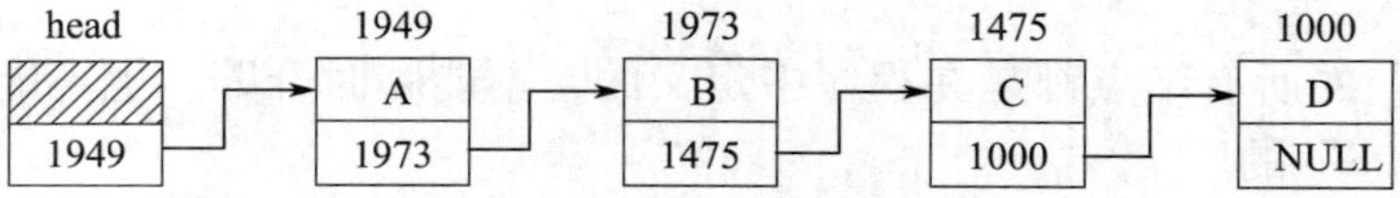

图 9.6　结构体指针指向结构体数组

在图 9.6 这个链表中头结点为 head，它存放了第一个节点的首地址 1949，第一个节点分为两个域，位于上部的是数据域，存放的是字符 A，位于底部的是指针域，存放了下一个节点的首地址 1973，接下来的结点结构与第一个节点相同，最后一个首地址为 1000 的结点不再指向其他结点，称它为“表尾”，它的指针域存放一个“NULL”（空地址），链表到此结束。

可以看出链表中的各元素在内存中不一定是连续存放的。因此，要找链表中某一元素，必须先找到上一个元素，根据该元素提供的下一个元素的地址才能找到下一个元素。所以，如果没有头指针（head），则整个链表都无法访问。另外一点，这种链表的数据结构，必须利用指针变量才能实现，即一个节点中应包含一个指针变量，用它存放下一节点的地址。

链表的基本操作主要有建立链表、结点的查找与输出、结点的插入与删除等。

9.3.2　建立链表

1. 使用结构体建立链表的结点结构

前面说到结构体类型，因为一个结构体类型的成员可以是数值类型、字符类型、数组类型和指针类型，可以很方便地建立链表结构。

例如，一个存放学生学号和成绩的链表如图 9.7 所示。

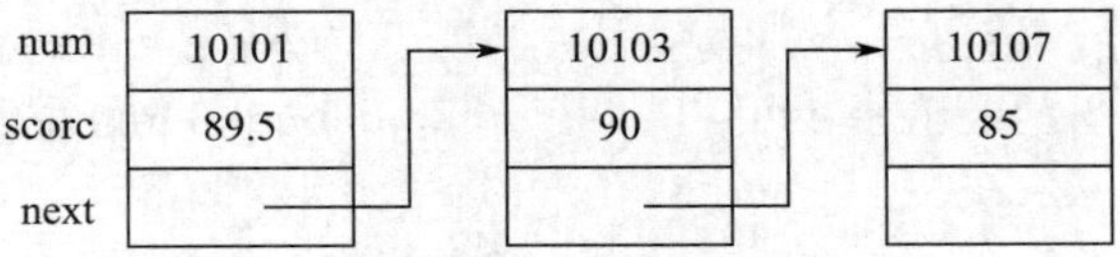

图 9.7　存放学生学号和成绩的链表示意图

结点应定义为以下结构：

```
struct student
{
    int num;
    int score;
    struct student *next;
};
```

结构体 student 的成员 num 和 score 组成数据域，用来存放有用数据，第三个成员 next 构成指针域，它是一个指向 student 结构体类型的指针变量。

2. 建立简单静态链表

“静态链表”的所有结点都是在程序中定义的，不能临时开辟，也不能在用完后释放。所以说它是“静态”的。

建立简单静态链表的主要有以下几个步骤。

① 定义一个结构体类型，其成员由具体问题决定。

② 将第一个结点的起始地址赋给头指针，第二个结点的起始地址赋给第一个结点的指针域，第三个结点的起始地址赋给第二个结点的指针域……

③ 将最后一个结点的指针域赋予 NULL。

【例 9.5】 建立一个由三个学生数据结点组成的静态链表（每个结点含有两个数据和一个指针）。

（1）算法分析

本例先定义三个结构体变量（三个结点）n1，n2，n3；然后分别给这三个结构体变量的 num 和 score 成员赋值；最后将头指针指向 n1，n1 的 next 指向 n2，n2 的 next 指向 n3，n1 的 next 赋值为空。

（2）程序设计

```
#include <stdio.h>
#define NULL 0
struct student
{
    long num;
    float score;
    struct student *next;
};
void main()
{
    struct student n1,n2,n3,*head,*p;       //定义三个结点和指针
    n1.num=10101;n1.score=89.5;             //结点的数据域赋值，下同
    n2.num=10103;n2.score=90;
    n3.num=10107;n3.score=85;
    head=&n1;                               //头指针指向第一个结点
```

```
    n1.next=&n2;                                    //第一个结点的指针域指向第二个结点
    n2.next=&n3;                                    //第二个结点的指针域指向第三个结点
    n3.next=NULL;                                   //第三个结点的指针域赋值为空
    p=head;                                         //p 指针指向第一个结点
    do
    {
        printf("%ld %5.1f\n",p->num,p->score);      //输出 p 指针所指结点的数据
        p=p->next;                                  //p 指针指向下一个结点
    }while(p!=NULL);                                //p 指针不为空时循环
}
```

开始时使 head 指向 n1 结点，n1.next 指向 n2 结点，n2.next 指向 n3 结点，这就构成链表关系。“n3.next=NULL”的作用是使 n3.next 不指向任何有用的存储单元。在输出链表时要借助 *p*，先使 *p* 指向 n1 结点，然后输出 n1 结点中的数据，“p=p->next”是为输出下一个结点作准备。p->next 的值是 n2 结点的地址，因此执行“p=p->next”后 *p* 就指向 n2 结点，所以在下一次循环时输出的是 n2 结点中的数据。

在此例中，建立了一个静态链表，这个链表链接到一起的每个结点（结构体变量 n1、n2、n3）都是通过定义，由系统在内存中开辟了固定的存储单元（不一定连续）。在程序执行的过程中，不可能人为地再产生新的存储单元，也不可能人为地使已开辟的存储单元消失。因此，在实际应用中，使用更广泛的是一种“动态链表”。

3. 建立动态链表

建立动态链表是指在程序执行过程中从无到有地建立起一个链表，即一个一个地开辟结点和输入各结点数据，并建立起前后相链的关系。

（1）处理动态链表所需要的库函数

① malloc() 函数

```
void *malloc(unsigned int size);
```

作用：是在内存的动态存储区中分配一个长度为 size 的连续空间。

返回值：是一个指向分配域起始地址的指针。分配不成功，返回 NULL。

② calloc() 函数

```
void *calloc(unsigned n,unsigned size);
```

作用：在内存的动态存储区中分配 *n* 个长度为 size 的连续空间。

返回值：是一个指向分配域起始地址的指针；分配不成功，返回 NULL。常用于为一维数组开辟动态存储空间，*n* 为数组元素个数，每个元素长度为 size。

③ free() 函数

```
void free(void *p);
```

作用：释放由 *p* 指向的内存区，使这部分内存区能被其他变量使用，*p* 是最近一次调用 calloc() 或 malloc() 函数时返回的值，无返回值。

（2）建立动态单向链表的步骤

① 读取数据。

② 生成新结点。

③ 将数据存入结点的成员变量中。

④ 将新结点插入到链表中，重复上述操作直至输入结束。

例如，写一函数建立一个有三名学生数据的单向动态链表。

① 开辟一个新结点，使 p1，p2 指向它；

② 读入一个学生的数据给 p1 所指的结点；

③ 当读入的 p1->num 不为 0 时，n=n+1，如果 n==1 则 head=p1，否则：

```
p2->next=p1;                        /* 把 p1 所指的结点链接到表尾 */
p2=p1;                              /* p2 移到表尾 */
```

④ 重复步骤② ~ ③，直至输入结束。

⑤ 尾结点的指针变量置 NULL。

算法的思路是：让 p1 指向新开的结点，p2 指向链表中最后一个结点，把 p1 所指的结点连接在 p2 所指的结点后面，用“p2->next=p1”来实现。

建立链表的函数为

```
#include <stdio.h>
#include <stdlib.h>
#define LEN sizeof(struct student)    // LEN 代表 struct student 类型数据的长度
struct student
{
    long num;
    float score;
    struct student *next;
};
int n;                              // n 为全局变量，本文件模块中各函数均可使用它
struct student *creat(void)
{
    struct student *head;                       // 定义结点
    struct student *p1,*p2;      n=0;
    p1=p2=( struct student*) malloc(LEN);       // 开辟空间
    scanf("%ld,%f",&p1->num,&p1->score);
    head=NULL;
    while(p1->num!=0)
    {
        n=n+1;
        if(n==1)head=p1;
        else p2->next=p1;
        p2=p1;
        p1=(struct student*)malloc(LEN);
```

```
        scanf("%ld,%f",&p1->num,&p1->score);
    }
    p2->next=NULL;return(head);
}
```

9.3.3　链表的相关算法

1. 输出链表

输出链表就是将各结点的数据依次输出，要输出一个链表，就必须知道链表的头结点，然后使用一个指针 p，首先指向链表第一个结点，然后输出结点的数据，然后指向下一个结点，以此类推。

输出链表的函数为

```
#include <stdio.h>
#include <stdlib.h>
#define LEN sizeof(struct student)
struct student
{
    long num;
    float score;
    struct student *next;
};
int n;
void print(struct student *head)
{
    struct student *p;                  // 定义一个 struct student 类型的结构体指针
    printf("\nNow,These %d records are: \n",n);
    p=head;                             // 让 p 指向第一个结点
    if(head!=NULL)
    do
    {
        printf("%ld %5.1f\n",p->num,p->score);  // 输出当前结点中的 num 和 score
        p=p->next;                              // p 指针后移
    }while(p!=NULL);
}
```

2. 在链表中插入结点

对链表的插入是指将一个结点插入到一个已有的链表中。在单向链表中插入结点，首先要确定插入的位置。插入结点在指针 p 所指的结点之前称为“前插”，插入结点在指针所指的结点之后称为“后插”。“前插”操作中各指针的指向如图 9.8 所示。

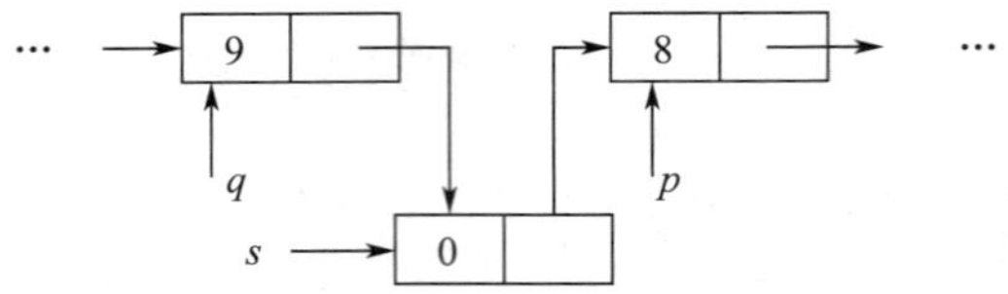

图 9.8 “前插”结点示意图

当进行前插操作时，需要三个工作指针：s 指向新开辟的结点，用 p 指向插入的位置，q 指向要插入的前趋结点。

为了能做到正确插入，必须解决两个问题：① 怎样找到插入的位置；② 怎样实现插入。

3. 删除链表中的结点

从一个动态链表中删去一个结点，并不是真正从内存中把它抹掉，而是把它从链表中分离开来，只要撤销原来的链接关系即可。

为了删除单向链表中的某个结点，首先要找到待删除的结点的前趋结点（当前要删除结点的前面一个结点），然后将此前趋结点的指针域去指向待删除结点的后继结点（当前要删除结点的下一个结点），最后释放被删除结点所占的存储空间即可。

删除链表结点一般有以下几个步骤。

① 搜索：寻找符合条件的结点，并记下其前一结点位置；

② 删除结点。

假设要删除值为 num 的结点。设两个指针变量 p1 为当前指针，p2 为前一结点指针，若链表为非空，则 p1=head，当 num ≠ p1->num 且 p1 指向结点不是尾结点，做：

p2=p1（p2 后移一个位置）

p1=p1->next（p1 后移一个位置）

若 p1 是要删的结点，则有以下两种情况，

① 若 p1 所指是头结点，则 head=p1->next（删除头结点）；

② 若 p1 所指不是头结点，则 p2->next=p1->next（删除一个结点）。

如以下函数：

```
struct student *del( struct student *head,long num)
{
    struct student *p1,*p2;
    if (head==NULL){
        printf("\nlist null!\n");goto end;
    }
    p1=head;
    while(num!=p1->num&&p1->next!=NULL){
        p2=p1;p1=p1->next;
    }                                          //后移查找确定位置
    if(num==p1->num)                           //判断是否满足条件
    {
        if(p1==head)head=p1->next;             //是第一个结点
```

```
        else p2->next=p1->next;
        printf("delete: %ld\n",num);n=n-1;
    }else
    printf("%ld not been found!\n",num);
    return(head);
}
```

9.4　共用体类型

共用体是用同一段存储空间存放不同类型的变量。例如，可以把一个整型变量、一个字符型变量、一个实型变量放在同一个地址开始的内存单元中（如图 9.9 所示），以上三个变量在内存中所占的字节数不同（*i* 和 *f* 占四个字节 *c* 占一个字节），但都从同一个起始地址开始存放，也就是使用覆盖技术，几个变量相互覆盖。共用体的类型及其变量的定义和与结构体类型及其变量定义的方式基本相同，不同的是，结构体中变量中的成员各自占有自己的存储空间，而共用体的变量中的所有成员共用同一段存储空间。

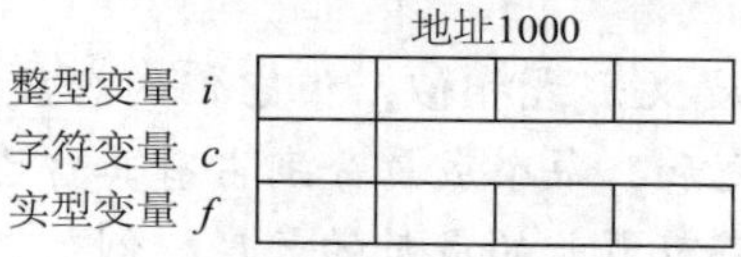

图 9.9　共用体类型示意图

9.4.1　共用体类型的定义

共用体类型定义的一般形式为

```
union 共用体名
{
    类型名 1   共用体成员名 1;
    类型名 2   共用体成员名 2;
    …
    类型名 n   共用体成员名 n;
};
```

例如，

```
union example                                   //声明共用体类型
{
    int a;
    float b;
    char c;
};
```

其中，union 是关键字，是共用体类型的标志，example 是共用体名。“共用体名”和“共用体成员名”都是由用户定义的合法标识符，按语法规定共用体名是可选项，在说明中可以不出现。

9.4.2 共用体变量的定义

和结构体相似，共用体变量定义的一般形式为

```
union 共用体名
{
    成员表列
} 变量表列;
```

例如，

```
union un
{
    char c;
    float x;
}s1,s2,*p;
```

说明： 共用体与结构体的定义形式相似，但它们的含义是不同的。结构体变量所占内存长度是各成员占的内存长度之和，每个成员分别占有其自己的内存单元，而共用体变量所占的内存长度等于变量中所占字节最长的成员的长度。例如，上面的共用体占四个字节（因为一个实型变量占四个字节）。

9.4.3 共用体变量中成员的引用

1. 共用体变量中成员的引用方式

共用体变量中每个成员的引用方式与结构体完全相同，可以使用下列三种形式之一。

```
① 共用体变量名 . 成员名
② 指针变量名 -> 成员名
③ (* 指针变量名 ). 成员名
```

共用体中的成员变量同样可参与其所属类型允许的任何操作，但在访问共用体成员时应注意：共用体变量中起作用的是最近一次存入的成员变量的值，原有成员变量的值将被覆盖。

另外，ANSI C 标准允许在两个类型相同的共用体变量之间进行赋值操作。同结构体变量一样，共用体类型的变量可以作为实参进行传递，也可以传递共用体变量的地址。

2. 共用体类型数据的特点

在使用共用体数据类型时要注意以下一些特点。

① 同一个内存段可以用来存放几种不同类型的成员，但在每一瞬时只能存放其中一种，

而不是同时存放几种。

② 共用体变量中起作用的成员是最后一次存放的成员，在存入一个新的成员后原有的成员就失去作用。

③ 共用体变量的地址和它的各成员的地址都是同一地址。

④ 不能对共用体变量名赋值，也不能企图引用变量名来得到一个值，也不能在定义共用体变量时对它初始化。

⑤ 不能把共用体变量作为函数参数，也不能使函数带回共用体变量，但可以使用指向共用体变量的指针。

⑥ 共用体类型可以出现在结构体类型定义中，也可以定义共用体数组。反之，结构体也可以出现在共用体类型定义中，数组也可以作为共用体的成员。

【例 9.6】 阅读分析下列程序的运行结果。

```
#include <stdio.h>
union data
{
   short d[2];
   char ch[4];
};
void main()
{
   int i;
   union data da;
   for(i=0;i<4;i++)
      da.ch[i]=i;
   for(i=0;i<2;i++)
      printf("%8d",da.d[i]);
   printf("\n");
}
```

例 9.6 的程序中第一个循环“for（i=0;i<4;i++）da.ch[i]=i;”将共用体成员数组 ch 的四个元素 ch[0] ~ ch[3] 分别赋值 0、1、2、3，程序第二个循环“for（i=0;i<2;i++）printf（"%8d", da.d[i]）;”输出共用体成员数组 d，由于共用体成员数组 d 与 ch 使用的是同一段存储空间，所以输出的就是 ch 数组的内容。

注意： d 数组的输出格式，每个元素占两个字节，且数据元素的低位字节在前面一个单元，高位字节在后面一个单元。

因此，输出结果是：256　770

对应的二进制形式是：00000010 00000000　00000011 00000010

【例 9.7】 有若干个人员的信息，其中有教师和学生。教师的信息包括工号、姓名、性别、职业、部门。学生的信息包括学号、姓名、性别、职业、班级。要求采用一个表格来处理。

（1）算法分析

本例中教师和学生信息的前四项是相同的，只有第五项不同。现要求采用一个表格处理，故可以定义一个结构体，前四个成员表示教师和学生信息的前四项，第五项用共用体处理。

（2）程序设计

```
#include <stdio.h>
#include <string.h>
#define N 2
struct                                          // 定义无名结构体类型
{
    char hm[10];                                // 结构体成员（号码）
    char xm[10];                                // 结构体成员（姓名）
    char xb[3];                                 // 结构体成员（性别）
    char zy[5];                                 // 结构体成员（职业）
    union                                       // 定义无名共用体类型
    {
        char bm[12];                            // 共用体成员（部门）
        char bj[15];                            // 共用体成员（班级）
    }gy;                                        // 结构体成员是共用体变量
}per[N];                                        // 定义无名结构体数组
void main()
{
    int i;
    for(i=0;i<N;i++)
    {
        printf("请输入教师或学生的信息：\n");       // 输入前 4 项信息
        scanf("%s%s%s%s",per[i].hm,per[i].xm,per[i].xb,per[i].zy);
        if(strcmp(per[i].zy,"教师")==0)            // 如果是教师，输入部门
            scanf("%s",per[i].gy.bm);              // 输入第 5 项信息：部门
        else if(strcmp(per[i].zy,"学生")==0)       // 如果是学生，输入班级
            scanf("%s",per[i].gy.bj);              // 输入第 5 项信息：班级
        else
            printf("输入错误：\n");                 // zy 不为教师或学生，出错
    }
    printf("\n");
    printf("号码        姓名        性别  职业      部门/班级\n");
    for(i=0;i<N;i++)
    {
        if(strcmp(per[i].zy,"教师")==0)            // 如果是教师，则输出如下
            printf("%-10s%-10s%-5s%-8s%-10s\n",per[i].hm,per[i].xm,
            per[i].xb,per[i].zy,per[i].gy.bm);
        else                                       // 如果是学生，则输出如下
            printf("%-10s%-10s%-5s%-8s%-10s\n",per[i].hm,per[i].xm,
            per[i].xb,per[i].zy,per[i].gy.bj);
    }
}
```

运行结果（以 N 为 2 运行程序）：

```
请输入教师或学生的信息：
1011      张红明      男      教师      信息学院
请输入教师或学生的信息：
2113      李敏捷      女      学生      B 机械 101
号码      姓名        性别    职业      部门 / 班级
1011      张红明      男      教师      信息学院
2113      李敏捷      女      学生      B 机械 101
```

9.5 枚举类型

在实际问题中，有些变量的取值被限定在一个有限的范围内。例如，一个星期只有七天，一年只有十二个月等。如果把这些量说明为整型、字符型或其他类型显然是不妥当的。为此，C 语言提供了一种称为“枚举”的类型。在“枚举”类型的定义中列举出所有可能的取值，这些取值规定了该“枚举”类型的变量取值不能超过定义的范围。应当说明的是，枚举类型是一种基本数据类型，而不是一种构造类型，因为它不能再分解为任何基本类型。

9.5.1 枚举类型及其变量的定义

1. 枚举类型定义的一般形式

```
enum 枚举名 { 枚举值表 };
```

在枚举值表中应列出所有可能的值，这些值也称为枚举元素。

例如，

```
enum weekday{sun,mon,tue,wed,thu,fri,sat};
```

该枚举名为 weekday，枚举元素共有七个，即一周中的七天。凡被说明为 weekday 类型变量的取值只能是七天中的某一天。

2. 枚举类型变量的定义

如同结构体和共用体一样，枚举类型的变量也可用三种不同的方式进行定义。

定义枚举类型变量的一般形式为

```
enum 枚举名
{ 枚举值表 } 枚举类型变量表列 ;
```

说明：

① enum 是关键字，标识枚举类型。

② 在定义时，花括号中的枚举元素是用户自己指定的标识符。例如，

```
enum  color{red,yellow,blue,white,black}c1,c2;
```

③ 枚举元素的值是一些整数。一般从第一个名字开始，各名字分别代表 0、1、2、3、4，但不能“enum color{0, 1, 2, 3, 4};”。

④ 可以在定义时对枚举元素初始化。

```
enum color{red=3,yellow,blue,white=8,black};
```

设将变量 *a*，*b*，*c* 定义为上述的 weekday 枚举类型，则可采用以下几种方式。

方式一：

```
enum weekday{sun,mon,tue,wed,thu,fri,sat};
enum weekday a,b,c;
```

方式二：

```
enum weekday{sun,mon,tue,wed,thu,fri,sat}a,b,c;
```

方式三：

```
enum {sun,mon,tue,wed,thu,fri,sat}a,b,c;
```

定义枚举变量后就可以进行赋值，例如，

```
enum  color{red,yellow,blue,white,black};          /* 定义枚举类型 */
enum  color c1,c2;                                 /* 定义枚举变量 */
合法：c1=red;c2=blue;
非法：c1=green;c2=orange;
```

9.5.2 枚举类型变量的使用

1. 枚举类型的使用规定

（1）枚举元素本身由系统定义了一个表示序号的数值

这个数值是从 0 开始顺序定义的，为 0，1，2，…如在 weekday 中，sun 值为 0，mon 值为 1，…，sat 值为 6。

例如，

```
void main()
{
    enum weekday
    {
        sun,mon,tue,wed,thu,fri,sat
    } a,b,c;
    a=sun;
```

```
    b=mon;
    c=tue;
    printf("%d,%d,%d",a,b,c);
}
将会输出 0,1,2.
```

也可以人为的指定枚举元素的数值，例如，

```
enum weekday{sun=7,mon=1,tue=2,wed=3,thu=4,fri=5,sat=6};
```

（2）枚举值是常量，不是变量

枚举值不能在程序中用赋值语句再对它赋值。

例如，对枚举 weekday 的元素再作以下赋值：

```
sun=5;
mon=2;
sun=mon;
```

都是错误的。

（3）枚举元素可以用来作判断比较

例如，

```
if(a==sun)…
if(b>=tue)…
```

2. 枚举类型的使用说明

只能把枚举值赋给枚举类型的变量，不能把元素的数值直接赋予枚举变量。

例如，

```
a=sum;b=mon; 是正确的
而 a=0;b=1; 是错误的
```

如果一定要把数值赋予枚举变量，则必须用强制类型转换。

例如，

```
a=(enum weekday)2; 其意义是将顺序号为 2 的枚举元素赋予枚举变量 a，相当于：
a=tue;
```

枚举元素不是字符常量也不是字符串常量，使用时不要加单、双引号。

【例 9.8】 设口袋中有红、黄、蓝、白、黑五种颜色的球若干个，每次从口袋中取出三个球，求得到三种不同颜色的球可能的取法，输出每种排列的情况。

（1）算法分析

每次从口袋中取出的球中能是给定五种颜色之一，且要判断各球的颜色是否相同，可以采用枚举类型进行处理。如果某次取出的三个球的颜色分别为 i，j，k，由于要求三个球的颜色不同，即 $i \neq j$，$i \neq k$，$j \neq k$。可以采用穷举法，将每种情况都判断一下，看哪一组符合条件，就输出 i，j，k。

（2）程序设计

```
#include <stdio.h>
void main()
{
    enum color{red,yellow,blue,white,black};        //定义枚举类型
    enum color i,j,k,p;                              //定义枚举类型变量
    int n=0,m;
    for(i=red;i<=black;i++)
    for(j=red;j<=black;j++)
        if(i!=j)
        {
            for(k=red;k<=black;k++)
                if((k!=i) && (k!=j))
                {
                n++;
                printf("%-4d",n);
                for(m=1;m<=3;m++)
                {
                    switch(m)
                    {
                        case 1: p=i;break;
                        case 2: p=j;break;
                        case 3: p=k;break;
                        default: break;
                    }
                    switch(p)
                    {
                        case red: printf("%-10s","red");break;
                        case yellow: printf("%-10s","yellow");break;
                        case blue: printf("%-10s","blue");break;
                        case white: printf("%-10s","white");break;
                        case black: printf("%-10s","black");break;
                        default: break;
                    }
                }
            if(n%2==0) printf("\n");
        }
    }
    printf("总的排列次数: %5d\n",n);
}
```

（3）程序运行

运行结果为

```
1   red     yellow   blue     2   red     yellow   white
3   red     yellow   black    4   red     blue     yellow
5   red     blue     white    6   red     blue     black
7   red     white    yellow   8   red     white    blue
9   red     white    black    10  red     black    yellow
11  red     black    blue     12  red     black    white
13  yellow  red      blue     14  yellow  red      white
15  yellow  red      black    16  yellow  blue     red
17  yellow  blue     white    18  yellow  blue     black
19  yellow  white    red      20  yellow  white    blue
21  yellow  white    black    22  yellow  black    red
23  yellow  black    blue     24  yellow  black    white
25  blue    red      yellow   26  blue    red      white
27  blue    red      black    28  blue    yellow   red
29  blue    yellow   white    30  blue    yellow   black
31  blue    white    red      32  blue    white    yellow
33  blue    white    black    34  blue    black    red
35  blue    black    yellow   36  blue    black    white
37  white   red      yellow   38  white   red      blue
39  white   red      black    40  white   yellow   red
41  white   yellow   blue     42  white   yellow   black
43  white   blue     red      44  white   blue     yellow
45  white   blue     black    46  white   black    red
47  white   black    yellow   48  white   black    blue
49  black   red      yellow   50  black   red      blue
51  black   red      white    52  black   yellow   red
53  black   yellow   blue     54  black   yellow   white
55  black   blue     red      56  black   blue     yellow
57  black   blue     white    58  black   white    red
59  black   white    yellow   60  black   white    blue
总的排列次数:  60
```

9.6　类型定义符

C 语言不仅提供了丰富的数据类型（如 int，char，float 等），还可以使用类型定义符 typedef 来用新的类型名代替已有的类型名，也就是说允许用户为数据类型取“别名”。

9.6.1　类型定义符的形式

```
typedef 原类型名 新类型名
```

其中原类型名中含有定义部分，新类型名一般用大写表示，以便于区别。

有时也可用宏定义来代替 typedef 的功能，但是宏定义是由预处理完成的，而 typedef 则是在编译时完成的，后者更为灵活方便。

9.6.2 typedef 定义类型

1. typedef 定义基本类型的方法

先按定义变量的方法写出定义体（如 int i）；将变量名换成新类型名（如将 i 换成 INTEGER）；在最前面加 typedef，然后可以用新类型名去定义变量。

例如，有整型量 *a*，*b*，其说明如下：

```
int a,b;
```

其中 int 是整型变量的类型说明符。int 的完整写法为 integer，为了增加程序的可读性，可把整型说明符用 typedef 定义为

```
typedef int INTEGER
```

这以后就可用 INTEGER 来代替 int 作整型变量的类型说明了。

例如，

```
INTEGER a,b;
```

它等效于：

```
int a,b;
```

2. 用 typedef 定义复杂类型的方法

typedef 也可以代替一些复杂的类型表示方法。如数组、结构等类型，这样就带来了很大的方便，不仅使程序书写简单而且使意义更为明确，因而增强了可读性。

（1）用 typedef 代替数组类型

例如，

```
typedef char NAME[20];                    //表示 NAME 是字符数组类型，数组长度为 20
```

可用 NAME 说明变量，例如，

```
NAME a1,a2,s1,s2;
```

完全等效于：

```
char a1[20],a2[20],s1[20],s2[20]
```

（2）用 typedef 代替结构类型

```
typedef struct student
{
```

```
    char name[20];
    int age;
    char sex;
} STU;
```

定义 STU 表示 student 的结构类型，然后可用 STU 来说明结构变量：

```
STU body1,body2;
```

3. typedef 定义类型的说明

typedef 定义类型的说明有以下几点。

① 用 typedef 可以声明各种类型名，但不能用来定义变量。

② 用 typedef 只是对已经存在的类型增加一个类型名，而没有创造新的类型。

③ 当不同源文件中用到同一类型数据时，常用 typedef 声明一些数据类型，把它们单独放在一个文件中，然后在需要用到它们的文件中用 #include 命令把它们包含进来。

④ typedef 与 #define 的相同与异同。例如，“typedef int INTEGER;”和“#define INTEGER int”的作用都是用 INTEGER 代表 int。但事实上，它们两者是不同的。#define 是在预编译时处理的，它只能作简单的字符串替换，而 typedef 是在编译时处理的。它并不是作简单的字符串替换。

例如，

```
tpyedef int INTEGER[5];
INTEGER a;
```

这里并不是用“INTEGER[5]”来代替“int”，而是采用如同定义变量的方法那样来声明一个类型。

9.7　自定义数据类型程序设计及实例

【例 9.9】 设每位职工含五项信息：工号、姓名、工资、津贴、应发金额。要求：①输入五位职工的前四项信息，并求出应发金额。②将每位职工的信息按表 9.1 的形式显示在屏幕上。

表 9.1　职工信息

工号	姓名	工资	津贴	应发金额
0101	周黎明	3500	1100	
0102	张红军	2200	900	
0103	赵敏锐	3150	1000	
0104	李小平	3680	1200	
0105	路路佳	4160	1200	

（1）算法分析

本例采用结构体数组存放职工的信息。用循环输入每位职工的信息，同时在循环体求出应发金额，再用循环输出结构体数组中的数据。

（2）程序设计

```
#include <stdio.h>
#define N 5
void main()
{
    struct zgxx
    {
        char gh[10];
        char xm[9];
        float gz;
        float jt;
        float yf;
    }zg[N];
    int i;
    for(i=0;i<N;i++)
    {
        printf("请输入第%d个职工信息: ",i+1);
        scanf("%s%s%f%f",zg[i].gh,zg[i].xm,&zg[i].gz,&zg[i].jt);
        zg[i].yf=zg[i].gz+zg[i].jt;
    }
    printf("--------------------------------------------\n");
    printf("|  工号  |  姓名  |  工资  |  津贴  |应发金额|\n");
    for(i=0;i<N;i++)
    {
        printf("|%8s|%8s|%8.2f|%8.2f|%8.2f|\n",zg[i].gh,zg[i].xm,zg[i].gz,
            zg[i].jt,zg[i].yf);
        printf("-----------------------------------------\n");
    }
}
```

习 题 9

一、选择题

（1）以下叙述中错误的是 ________。

A. 函数的返回值类型不能是结构体类型，只能是简单类型

B. 只要类型相同，结构体变量之间可以整体赋值

C. 可以通过指针变量来访问结构体变量的任何成员

D. 函数可以返回指向结构体变量的指针

（2）下面结构体的定义语句中，错误的是 ________。

A. struct {int x;int y;int z;} a;　　B. struct ord {int x;int y;int z;}; struct ord a;

C. struct ord {int x;int y;int z;} a;　　D. struct ord {int x;int y;int z;} struct ord a;

（3）设有定义

```
struct complex
{ int real,unreal;} data1={1,8},data2;
```

则以下赋值语句中错误的是 ________。

A. data2.real=data1.unreal;　　B. data2=data1;

C. data2.real=data1.real;　　D. data2=(2,6);

（4）以下叙述中错误的是 ________。

A. 可以通过 typedef 增加新的类型

B. 可以用 typedef 将已存在的类型用一个新的名字来代表

C. 用 typedef 定义新的类型名后，原有类型名仍有效

D. 用 typedef 可以为各种类型起别名，但不能为变量起别名

（5）有以下程序

```
#include <stdio.h>
typedef struct {int b,p;}A;
void f(A c)
{
    int j;
    c.b+= 1;c.p+=2;
}
main()
{
    int i;
    A a={1,2};
    f(a);
    printf("%d,%d\n",a.b,a.p);
}
```

程序运行后的输出结果是 ________。

A. 2,4　　B. 1,2　　C. 1,4　　D. 2,3

（6）有以下程序

```
#include <stdio.h>
#include <stdlib.h>
int fun(int n){
    int *p;
    p=(int*)malloc(sizeof(int));
```

```
    *p=n;return *p;
}
main()
{
    int a;
    a=fun(10);printf("%d\n",a+fun(10));
}
```

程序运行后的输出结果是 ________。

A. 0　　B. 10　　C. 20　　D. 出错

（7）假定已建立以下链表结构，且指针 p 和 q 已指向如图所示的结点，

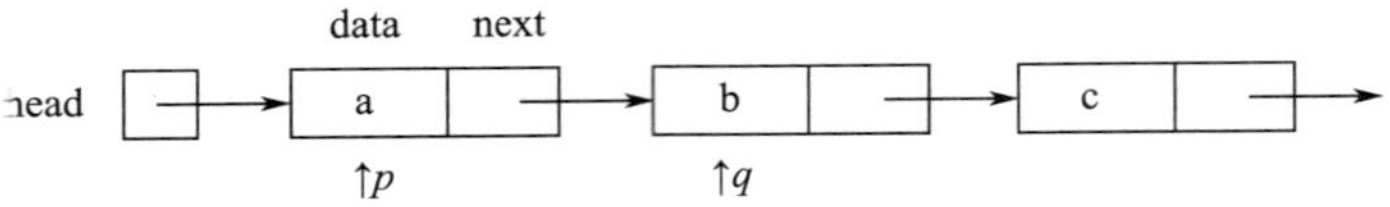

则以下选项中可将 q 所指结点从链表中删除并释放该结点的语句组是 ________。

A. p=q; free(q);　　B. p=q->next; free(q);

C. p->next=q->next; free(q);　　D. (*p).next=(*q).next; free(p);

二、填空题

（1）设有以下结构类型说明和变量定义，则变量 st1 在内存所占字节数是 ________。

```
struct std
{
    int num[8];
    float score;
}st1;
```

（2）设有以下语句

```
struct std
{
    int A;
    struct st*next;
};
struct std a[2]={3,&a[1],8,'\0'},*p;
p=&a[0];
```

则表达式________的值是 8。

（3）若已定义：

```
struct num
{
    int a;
    float f;
}n={1,2.5};
struct num *pr=&n;
```

则表达式 pn->a/ pn->f 的值是________，表达式（*pn）.a/pn->f 的值是________。

（4）下面程序的运行结果是 ________。

```
#include <stdio.h>
struct lb
{
    int a;
    int *n;
}
s[3],*p;
void main()
{
    int n=1,i;
    printf("\n");
    for(i=0;i<3;i++)
    {
        s[i].a=i*n;
        s[i].n=&s[i].a;
        n+=1;
    }
    p=&s[0];
    p++;
    printf("%d,%d\n",(++p)->a,(p++)->a);
}
```

三、编程题

（1）成绩处理。输入一个正整数 *n*，再输入 *n* 个学生的学号和数学、英语、计算机成绩，要求：

① 计算每一个学生的平均成绩。

② 计算每门课程的平均成绩。

③ 输出平均成绩最高的学生的记录。

④ 按平均成绩从高到低输出学生的成绩单（学号、数学、英语、计算机成绩和平均成绩）。

（2）设有两个单向链表，头指针分别为 list1、list2，链表中每一结点包含姓名、工资基本信息，请使用函数把两个链表拼组成一个链表，并返回拼组后的新链表。

第10章 文件

10.1 文件的引入

在处理数据时，很多的数据都是事先存好的，在要用到的时候直接调用文件打开使用。例如，教务处在学生信息时，直接从信息系统里调出学生的信息，学生去图书馆借书时，图书馆管理系统会从信息系统里直接调用学生的信息文件进行处理，这样就避免重复的输入。

文件概念

1. 什么是文件

文件是指存储在外部介质上数据的集合。操作系统是以文件为单位对数据进行管理的。

2. C 语言文件类型

C 语言将文件看作是一个字符（字节）序列组成的数据流，根据数据的组织形式分为文本文件（ASCII、text）和二进制文件（binary）两类。

文本文件中的每一个字节存放一个 ASCII 码，代表一个字符。

二进制文件则是将数据按内存中的原样（二进制形式）存放在磁盘上。例如，有一个十进制整数 54321 它在内存中占两个字节，如果将它输出到文本文件，则占五个字节，输出到二进制文件占两个字节。

文本文件和二进制文件各有特点，二进制文件占存储空间较小，而文本文件更直观，可以用 Winows 中的记事本程序或 DOS 中的 TYPE 命令直接查看。

3. 文件类型指针

系统要为每个操作的文件在内存开辟一个缓冲区，用来存放文件的有关信息。这些信息存放在一个取名为 FILE 的文件结构体类型变量中。

FILE 由系统定义，一般保存在 stdio.h 文件中。

Turbo C 中 FILE 的定义为

```
/*  Definition of the control structure for streams  */
typedef struct
{
    short              level;                /* 缓冲区"满"或"空"的程序 */
    unsigned           flags;                /* 文件状态标志 */
    char               fd;                   /* 文件描述符 */
    unsigned char      hold;                 /* 如缓冲区无内容不读取字符 */
    short              bsize;                /* 缓冲区的大小 */
    unsigned char      *buffer;              /* 数据缓冲区的位置 */
    unsigned char      *curp;                /* 指针当前的指向 */
    unsigned           istemp;               /* 临时文件指示器 */
    short              token;                /* 用于有效性检查 */
} FILE;
```

在 C 语言中，对已打开的文件进行输入、输出处理都是通过指向该文件的文件指针变量进行的。定义文件变量指针形式为

```
FILE *文件类型指针变量名;
```

例如，

```
FILE   *fp;
```

因此，只需定义一个 FILE 类型的指针变量，通过该指针变量调用有关文件操作函数对指定文件进行操作。

对一个文件操作之前，必须首先打开该文件，使系统分配文件缓冲区，当文件操作结束后，关闭文件，收回分配的缓冲区。

10.2　文件的打开与关闭

对文件的操作常分为三个步，用 fopen() 函数打开文件；对文件进行读、写操作；用 fclose() 函数及时关闭文件。

10.2.1　文件的打开

使用 fopen() 函数打开数据文件

fopen() 函数打开外部文件名，并返回指向文件的指针。

（1）fopen 函数的调用方式为

```
FILE *fp;
fp=fopen(文件名，使用文件方式);
```

例如，FILE *fp；

```
fp=("a1","r");                          /* 打开文件名为 a1 的文件以便读 */
FILE *fphzk;
fphzk=("c:\\hzk16","rb");               /* 打开二进制文件以便读 */
```

（2）文件打开方式

文件使用方式	类型	含　义
"r"	只读	打开一个文本文件，只允许读数据
"w"	只写	打开或建立一个文本文件，只允许写数据
"a"	追加	打开一个文本文件，并在文件末尾写数据
"rb"	只读	打开一个二进制文件，只允许读数据
"wb"	只写	打开或建立一个二进制文件，只允许写数据
"ab"	追加	打开一个二进制文件，并在文件末尾写数据
"r+"	读写	打开一个文本文件，允许读和写
"w+"	读写	打开或建立一个文本文件，允许读写
"a+"	读写	打开一个文本文件，允许读，或在文件末追加数据
"rb+"	读写	打开一个二进制文件，允许读和写
"wb+"	读写	打开或建立一个二进制文件，允许读和写
"ab+"	读写	打开一个二进制文件，允许读，或在文件末追加数据

① 使用“r”和“r+”时，文件应已经存在。

② 使用“w”和“w+”时，新建一个文件，若磁盘上已有同名文件，则被清除。

③ 使用“a”和“a+”时，文件应已经存在，原有内容不被删除，位置指针移到数据末尾，可以添加内容。

④ 在读文本文件时，遇到回车符（'\r'==13）换行符（'\n'==10），自动转换成一个换行符；写时反过来，将一个换行符转换成一个回车符和一个换行符（为了可以使用 TYPE 命令显示其内容）。读写二进制文件则无此转换。

⑤ 在程序开始运行时，系统自动打开三个文件：标准输入设备（键盘）、标准输出设备（显示器）和标准错误输出设备（通常也是显示器），与之对应的文件指针为 stdin、stdout 和 stderr。

10.2.2 文件的关闭

使用 fclose() 函数关闭文件

```
fclose 函数的调用方式为：fclose(文件指针);
fclose 返回 0，正常；非 0，出错。
```

关闭文件，释放系统为该文件分配的缓冲区，使得文件指针与指向的文件断开。因此对文件的一般使用方法为

```
FILE *fp;                                    /* 定义文件指针 */
if((fp=fopen(" 文件名 "," 使用方式 "))==NULL )
{
    printf(" 无法打开此文件 !\n");
    exit(0);                                 /* 关闭所有文件，终止此程序 */
}                                            /* 对文件进行读写操作 */
fclose(fp);                                  /* 关闭文件 */
```

10.3 读写数据文件

顺序读写，写数据是从文件的最前面按顺序写，读数据是从文件头开始依次的读取数据。对文件的顺序读写需要用函数实现。

10.3.1 应用 fputc()、fgetc() 函数读写一个字符

1. fputc() 函数：写一个字符到文件

fputc() 函数的一般形式为

```
fputc(ch,FILE *fp);
```

ch 是要输出的字符，它可以是一个字符常量，也可以是一个字符变量。

fp 是文件指针变量，它从 fopen() 函数得到返回值。若操作失败则返回 EOF（−1），还可根据 ferror() 函数进一步判断。

作用：将一个字符 ch 的值写入 fp 所指向的文本文件中。

2. fgetc() 函数：从文件中读一个字符

fgetc() 函数的一般形式为

```
ch=fgetc(fp);(原型为 int fgetc(FILE *fp);)
```

fp 是文件指针变量，ch 是字符变量。遇文件结束返回 EOF。

例如，从文件读字符并显示

```
ch=fgetc(fp);
while(ch!=EOF)
{
    putchar(ch);
    ch=fgetc(fp);
}
```

例如，从键盘输入一些字符，逐个把它们送到磁盘上去，直到输入一个“#”为止。

```
#include "stdio.h"
main()
{
    FILE *fp;
    char ch,filename[10];
    scanf("%s",filename);
    if((fp=fopen(filename,"w"))==NULL)
    {
        printf("cannot open file\n");
        exit(0);
    }
    ch=getchar();
    while(ch!='#')
    {
        fputc(ch,fp);putchar(ch);
        ch=getchar();
    }
    fclose(fp);
}
```

10.3.2 应用 fputs() 和 fgets() 函数向文件读写一个字符串

1. fputs() 函数

fputs() 函数的一般形式为

```
int fputs(char *str,FILE *fp);
```

功能：将字符串 str 写到文件中。

例如，`fputs("Computer",fp);` 可以将字符串“Computer”写入文件中。

2. fgets() 函数

fgets() 函数的一般形式为

```
char *fgets(char *buf,int n,FILE *fp);
```

功能：从文件中读取一个长度为 $n-1$ 的字符串，存入起始地址为 buf 的存储单元，并在读入的字符串末尾加上字符 '\0'。如果读取不到 $n-1$ 个字符就遇到了换行符或 EOF，读取操作立即结束。

10.3.3 用 fprintf() 和 fscanf() 函数格式化的方式读 / 写文件

1. fprintf() 函数

fprintf() 函数的一般形式为

```
int fprintf(FILE*fp,char*format,…);
```

功能：fprintf() 把输出列表中的值按格式串指定的格式写到文件中。

2. fscanf() 函数

fscanf() 函数的一般形式为

```
int fscanf(FILE*fp,char*format,…);
```

功能：fscanf() 按格式串指定的格式从文件中读取数据，并传递到输入列表所指向的内存单元。

说明：fscanf()、fprintf() 花费时间较多，在内存与磁盘频繁交换数据的情况下，最好不用 fscanf() 和 fprintf() 函数，而用 fread() 和 fwrite() 函数。

用法：这两个函数的使用方法同 scanf()/printf() 类似。

例如，

```
fscanf(fp,"%f,%d",&x,&i);
fprintf(fp,"%5.2f,%d",x,i);
```

其中，fp 为文件指针，"%f, %d" 为格式串，第三个及以后的参数为输入 / 输出列表。

10.3.4 用 fread() 和 fwrite() 函数二进制的方式向文件读写一组数据

1. fread() 函数

fread() 函数的一般形式为

```
unsigned fread(void *buffer,unsigned size;unsigned count,FILE *fp);
```

功能：从文件中读取 count 个长度 size 字节的数据项，存到 buffer 所指向的内存单元开始的内存区中。

2. fwrite() 函数

fwrite() 函数的一般形式为

```
unsigned fwrite(void *buffer,unsigned size;unsigned count,FILE *fp);
```

功能：将 buffer 所指向的内存单元开始的内存区中的 count 个长度为 size 字节的数据项写到 fp 指向的文件中。

说明：fread() 和 fwrite() 函数主要用于二进制文件的读 / 写操作，可从文件中读入一组数据或将一个数组的数据写入文件中。若调用成功，函数返回 count 值。

例如，从键盘输入四个学生的有关数据，然后把它们转存到磁盘文件上去。

```
#include "stdio.h"
#define SIZE 4
struct student_type
{
   char name[10];
```

```
    int num;
    int age;
    char addr[15];
}stud[SIZE];
main()
{
    int j;
    void save();
    for(j=0;j<SIZE;j++)
        scanf("%s%d%d%s",stud[j].name,&stud[j].num,&stud[j].age,tud[j].addr);
    save();
}
void save()
{
    FILE *fp;
    int j;
    if((fp=fopen("stu_list","wb"))==NULL)
    {
        printf("cannot open file\n");
        exit(0);
    }
    for(j=0;j<SIZE;j++)
    if(fwrite(&stud[j],sizeof(struct student_type),1,fp)!=1)
        printf("file write error\n");
    fclose(fp);
}
```

10.3.5 rewind() 函数

rewind() 函数的一般形式为

```
void rewind(FILE *fp);
```

功能：将文件的位置指针指向文件的开头，此函数没有返回值。

例如，一文件第一次显示，第二次复制到另一文件中。

```
#include "stdio.h"
main()
{
    FILE *fp1,*fp2;
    fp1=fopen("file1.c","r");
    fp2=fopen("file2.c","w");
```

```
    while(!feof(fp1))putchar(fgetc(fp1));
    rewind(fp1);
    while(!feof(fp1))fputc(fgetc(fp1),fp2);
    fclose(fp1);fclose(fp2);
}
```

顺序读写：位置指针按字节位置顺序移动。

随机读写：位置指针按需要移到任意位置。

10.3.6 改变位置指针 fseek() 函数

fseek() 函数的一般形式为

```
int fseek(FILE *fp,long offset,int base);
```

功能：将文件的位置指针移到以 base 为起始点，offset 为位移量的位置，同时清除文件结束标志。

base：常用三个符号常量：SEEK_SET（0）、SEEK_CUR（1）和 SEEK_END（2），分别表示文件开始、当前位置和文件末尾。

offset：表示以起始点为基准，向前或向后移动的字节数（正、负）。

10.3.7 获取文件当前位置指针 ftell() 函数

ftell() 函数的一般形式为

```
long ftell(FILE *fp);
```

功能：返回位置指针相对于文件开头的位移量，若出错返回 -1L。

10.3.8 文件读写的出错检测

1. 检测错误 ferror() 函数

ferror() 函数的一般形式为

```
int ferror(FILE *fp);
```

功能：用于检测文件操作是否发生了错误。若返回 0 则表示没有出错，非 0 表示有错。

2. 清除错误标志和文件结束标志 clearerr() 函数

clearerr() 函数的一般形式为

```
void clearerr(FILE *fp);
```

功能：用于清除读写文件时出现的错误标志及文件结束标志，即将这两个标志设置成 0。

习 题 10

一、选择题

（1）设文件指针 fp 已定义，执行语句“fp=fopen("file","w");”后，以下针对文本文件 file 操作叙述的选项中正确的是 ________。

A. 可以随意读和写　　B. 写操作结束后可以从头开始读

C. 可以在原有内容后追加写　　D. 只能写不能读

（2）设 fp 为指向某二进制文件的指针，且已读到此文件末尾，则函数 feof(fp) 的返回值为 ________。

A. 0　　B. '\0'　　C. 非 0 值　　D. NULL

（3）有以下程序

```
#include <stdio.h>
main()
{
    FILE *pf;
    char *s1="China",*s2="Beijing";
    pf=fopen("abc.dat","wb+");
    fwrite(s2,7,1,pf);
        rewind(pf);                          /* 文件位置指针回到文件开头 */
        fwrite(s1,5,1,pf);
    fclose(pf);
}
```

以上程序执行后 abc.dat 文件的内容是 ________。

A. ChinaBeijing　　B. China　　C. Chinang　　D. BeijingChina

（4）若有以下程序

```
#include <stdio.h>
main()
{
    FILE *fp;
    int i,a[6]={1,2,3,4,5,6},k;
    fp=fopen("data.dat","w+b");
    for(i=0;i<6;i++)
    {
        fseek(fp,0L,0);
        fwrite(&a[5-i],sizeof(int),1,fp);
    }
    rewind(fp);
    fread(&k,sizeof(int),1,fp);
    fclose(fp);
    printf("%d",k);
}
```

则程序的输出结果是 ________。

A. 1　　B. 6　　C. 123456　　D. 21

（5）以下程序依次把从终端输入的字符存放到 f 文件中，用 # 作为结束输入的标志，则在横线处应填入的选项是 ________。

```
#include <stdio.h>
main()
{
    FILE *fp;char ch;
    fp=fopen("fname","w");
    while((ch=getchar())!='#') fputc(__________);
    fclose(fp);
}
```

A. fp,ch　　B. ch,fp　　C. ch　　D. ch,"fname"

（6）有以下程序

```
#include <stdio.h>
main()
{
    FILE *fp;char str[10];
    fp=fopen("myfile.dat","w");
    fputs("abc",fp);
    fclose(fp);
    fp=fopen("myfile.dat","a+");
    fprintf(fp,"%d",28);
    rewind(fp);
    fscanf(fp,"%s",str);
    puts(str);
    fclose(fp);
}
```

程序运行后的输出结果是 ________。

A. abc　　B. 28c

C. abc28　　D. 因类型不一致而出错

二、填空题

（1）给定程序中，函数 fun() 的功能是将形参给定的字符串、整数、浮点数写到文本文件中，再用字符方式从此文本文件中逐个读入并显示在终端屏幕上。

```
#include <stdio.h>
void fun(char *s,int a,double f)
{
    __________ fp;
    char ch;
```

```
    fp=fopen("file1.txt","w");
    fprintf(fp,"%s %d %f\n",s,a,f);
    fclose(fp);
    fp=fopen("file1.txt","r");
    printf("\nThe result:\n\n");
    ch=fgetc(fp);
    while( feof(______________))
    {
        putchar(________________);
        ch=fgetc(fp);
    }
    putchar('\n');
    fclose(fp);
}
main()
{
    char a[10]="Hello!";int b=12345;
    double c=98.76;
    fun(a,b,c);
}
```

（2）给定程序中，函数 fun() 的功能是将参数给定的字符串、整数、浮点数写到文本文件中，再用字符串方式从此文本文件中逐个读入，并调用库函数 atoi 和 atof 将字符串转换成相应的整数、浮点数，然后将其显示在屏幕上。

```
#include <stdio.h>
#include <stdlib.h>
void fun(char *s,int a,double f)
{
                   fp;
    char str[100],str1[100],str2[100];
    int a1;double f1;
    fp=fopen("file1.txt","w");
    fprintf(fp,"%s %d %f\n",s,a,f);
                   ;
    fp=fopen("file1.txt","r");
    fscanf(              ,"%s%s%s",str,str1,str2);
    fclose(fp);
    a1=atoi(str1);
    f1=atof(str2);
    printf("\nThe result:\n\n%s %d %f\n",str,a1,f1);
}
main()
{
    char a[10]="Hello!";int b=12345;
    double c=98.76;
    fun(a,b,c);
}
```

附录A ASCII代码表

A.1 标准ASCII代码

ASCII值	字符	控制字符	ASCII值	字符	ASCII值	字符	ASCII值	字符
000	null	NUL	032	space	064	@	096	’
001	☺	SOH	033	!	065	A	097	a
002	☻	STX	034	“	066	B	098	b
003	©	ETX	035	#	067	C	099	c
004	¨	EOT	036	$	068	D	100	d
005	§	END	037	%	069	E	101	e
006	ª	ACK	038	&	070	F	102	f
007	beep	BEL	039	‘	071	G	103	g
008	backspace	BS	040	(	072	H	104	h
009	tab	HT	041	)	073	I	105	i
010	换行	LF	042	*	074	J	106	j
011	♂	VT	043	+	075	K	107	k
012	♀	FF	044	,	076	L	108	l
013	回车	CR	045	−	077	M	109	m

续表

ASCII 值	字符	控制字符	ASCII 值	字符	ASCII 值	字符	ASCII 值	字符
014	♫	SO	046	.	078	N	110	n
015	☼	SI	047	/	079	O	111	o
016	►	DLE	048	0	080	P	112	p
017	◄	DC1	049	1	081	Q	113	q
018	↕	DC2	050	2	082	R	114	r
019	‼	DC3	051	3	083	S	115	s
020	¶	DC4	052	4	084	T	116	t
021	§	NAK	053	5	085	U	117	u
022	▬	SYN	054	6	086	V	118	v
023	↨	ETB	055	7	087	W	119	w
024	↑	CAN	056	8	088	X	120	x
025	↓	EM	057	9	089	Y	121	y
026	→	SUB	058	:	090	Z	122	z
027	←	ESC	059	;	091	[	123	{
028	∟	FS	060	<	092	\	124	¦
029	↔	GS	061	=	093	]	125	}
030	▲	RS	062	>	094	^	126	~
031	▼	US	063	?	095	_	127	⌂

A.2 扩展 ASCII 代码

ASCII 值	字符	ASCII 值	字符	ASCII 值	字符	ASCII 值	字符
128	Ç	160	á	192	└	224	α
129	Ü	161	í	193	┴	225	β
130	é	162	ó	194	┬	226	Γ
131	â	163	ú	195	├	227	π
132	ä	164	ñ	196	─	228	Σ

续表

ASCII 值	字符	ASCII 值	字符	ASCII 值	字符	ASCII 值	字符
133	à	165	Ñ	197	†	229	σ
134	å	166	ª	198	╞	230	μ
135	ç	167	º	199	╟	231	τ
136	ê	168	¿	200	╚	232	Φ
137	ë	169	⌐	201	╔	233	θ
138	è	170	¬	202	╩	234	Ω
139	ï	171	½	203	╦	235	δ
140	î	172	¼	204	╠	236	∞
141	ì	173	¡	205	═	237	ø
142	Ä	174	«	206	╬	238	ϵ
143	Å	175	»	207	╧	239	∩
144	É	176	░	208	╨	240	≡
145	æ	177	▒	209	╤	241	±
146	Æ	178	▓	210	╥	242	≥
147	ô	179	│	211	╙	243	≤
148	ö	180	┤	212	╘	244	⌠
149	ò	181	╡	213	╒	245	⌡
150	û	182	╢	214	╓	246	÷
151	ù	183	╖	215	╫	247	≈
152	ÿ	184	╕	216	╪	248	°
153	ö	185	╣	217	┘	249	·
154	Ü	186	║	218	┌	250	.
155	¢	187	╗	219	█	251	√
156	£	188	╝	220	▄	252	^{n}
157	¥	189	╜	221	▌	253	^{2}
158	Pt	190	╛	222	▐	254	■
159	*f*	191	┐	223	▀	255	Blank ‘FF’

附录B

C 语言关键字与运算符

B.1 C 语言关键字及功能

序号	关键字	功能描述
1	auto	声明自动变量
2	short	声明短整型变量或函数
3	int	声明整型变量或函数
4	long	声明长整型变量或函数
5	float	声明单精度变量或函数
6	double	声明双精度变量或函数
7	char	声明字符型变量或函数
8	struct	声明结构体变量或函数
9	union	声明共用数据类型
10	enum	声明枚举类型
11	typedef	用以给数据类型取别名
12	const	声明只读变量
13	unsigned	声明无符号类型变量或函数
14	signed	声明有符号类型变量或函数

续表

序号	关键字	功能描述
15	extern	声明变量在其他文件或本文件其他位置已声明
16	register	声明寄存器变量
17	static	声明静态变量
18	volatile	说明变量在程序执行中可被隐含地改变
19	void	声明函数无返回值或无参数，声明无类型指针
20	if	条件语句
21	else	条件语句否定分支（与 if 连用）
22	switch	用于开关语句
23	case	开关语句分支
24	for	一种循环语句
25	do	循环语句的循环体
26	while	循环语句的循环条件
27	goto	无条件跳转语句
28	continue	结束本轮循环，开始下一轮循环
29	break	跳出当前循环
30	default	开关语句中的“其他”分支
31	sizeof	计算数据类型长度
32	return	返回语句（可以带参数，也可不带参数）循环条件

B.2　运算符的优先级与结合性

优先级	运算符	含　义	运算对象个数	结合方向
1	( ) [ ]	括号运算		自左向右
	-> .	结构体成员运算符		
2	!	逻辑非运算符	单目	自右向左
	~	按位取反运算符		
	++ --	自增运算符 自减运算符		

续表

优先级	运算符	含　　义	运算对象个数	结合方向
2	−	负号运算符	单目	自右向左
	（类型）	类型转换运算符		
	*	指针运算符		
	&	取地址运算符		
	sizeof	求字节数运算符		
3	* / %	乘、除、取余	双目	自左向右
4	+ −	加、减	双目	自左向右
5	<< >>	左移运算符、右移运算符	单目	自左向右
6	< <= > >=	关系运算符	双目	自左向右
7	== !=	等于运算符、不等于运算符	双目	自左向右
8	&	按位与运算符	双目	自左向右
9	^	按位异或运算符	双目	自左向右
10	|	按位或运算符	双目	自左向右
11	&&	逻辑与运算符	双目	自左向右
12	||	逻辑或运算符	双目	自左向右
13	? :	条件运算符	三目	自左向右
14	= += −= *= /= &= >>= <<= &= ^= |=	赋值运算符		自右向左
15	,	逗号运算符		自左向右

附录 C

C 语言库函数

库函数并不是 C 语言的一部分，是由编译系统根据用户的需要编制并提供给用户使用的一组程序。每一种 C 编译系统都提供了一批库函数，不同的编译系统所提供的库函数的数目和函数名以及函数功能是不完全相同的。本附录以 ANSI C 标准提供的标准库函数。

由于 C 库函数的种类和数目很多，例如还有屏幕和图形函数、时间日期函数、与系统有关的函数等，每一类函数又包括各种功能的函数，限于篇幅，本附录不能全部介绍，只从教学需要的角度列出最基本的。读者在编写 C 程序时可根据需要，查阅有关系统的函数使用手册。

1. 数学函数

使用数学函数时，应该在源文件中使用以下预编译命令：

#include <math.h> 或 #include "math.h"

函数名	函数原型	功　能	返回值
acos	double acos(double x);	计算 arccos x 的值，其中 $-1<=x<=1$	计算结果
asin	double asin(double x);	计算 arcsin x 的值，其中 $-1<=x<=1$	计算结果
atan	double atan(double x);	计算 arctan x 的值	计算结果
atan^2	double atan2(double x, double y);	计算 arctan x/y 的值	计算结果
cos	double cos(double x);	计算 cos x 的值，其中 x 的单位为弧度	计算结果
cosh	double cosh(double x);	计算 x 的双曲余弦 cosh x 的值	计算结果
exp	double exp(double x);	求 e^x 的值	计算结果
abs	int abs(int num);	计算整数 num 的绝对值	计算结果
fabs	double fabs(double x);	求 x 的绝对值	计算结果

续表

函数名	函数原型	功　能	返回值
floor	double floor(double x);	求出不大于 x 的最大整数	该整数的双精度实数
fmod	double fmod(double x, double y);	求整除 x/y 的余数	返回余数的双精度实数
frexp	double frexp(double val, int *eptr);	把双精度数 val 分解成数字部分（尾数）和以 2 为底的指数，即 val=$x \times 2n,n$ 存放在 eptr 指向的变量中	数字部分 x（$0.5 \leqslant x<1$）
log	double log(double x);	求 $\ln x$ 的值	计算结果
log10	double log10(double x);	求 $\log_{10}x$ 的值	计算结果
modf	double modf(double val, int *iptr);	把双精度数 val 分解成数字部分和小数部分，把整数部分存放在 ptr 指向的变量中	val 的小数部分
pow	double pow(double x, double y);	求 x^y 的值	计算结果
sin	double sin(double x);	求 $\sin x$ 的值，其中 x 的单位为弧度	计算结果
sinh	double sinh(double x);	计算 x 的双曲正弦函数 $\sinh x$ 的值	计算结果
sqrt	double sqrt (double x);	计算$\sqrt{x}$，其中 $x \geqslant 0$	计算结果
tan	double tan(double x);	计算 $\tan x$ 的值，其中 x 的单位为弧度	计算结果
tanh	double tanh(double x);	计算 x 的双曲正切函数 $\tanh x$ 的值	计算结果

2. 字符函数

在使用字符函数时，应该在源文件中使用预编译命令：

#include <ctype.h> 或 #include "ctype.h"

函数名	函数原型	功　能	返回值
isalnum	int isalnum(int ch);	检查 ch 是否字母或数字	是字母或数字返回 1，否则返回 0
isalpha	int isalpha(int ch);	检查 ch 是否字母	是字母返回 1，否则返回 0
iscntrl	int iscntrl(int ch);	检查 ch 是否控制字符（其 ASCII 码在 0 和 0xlF 之间）	是控制字符返回 1，否则返回 0
isdigit	int isdigit(int ch);	检查 ch 是否数字	是数字返回 1，否则返回 0
isgraph	int isgraph(int ch);	检查 ch 是否可打印字符（其 ASCII 码在 0x21 和 0x7e 之间），不含空格	是返回 1，否则返回 0
islower	int islower(int ch);	检查 ch 是否是小写字母 (a ~ z)	是小字母返回 1，否则返回 0
isprint	int isprint(int ch);	检查 ch 是否可打印字符（其 ASCII 码在 0x21 和 0x7e 之间），不含空格	是可打印字符返回 1，否则返回 0

续表

函数名	函数原型	功　能	返回值
ispunct	int ispunct(int ch);	检查 ch 是否标点字符（不含空格）即除字母、数字和空格以外的所有可打印字符	是标点返回 1，否则返回 0
isspace	int isspace(int ch);	检查 ch 是否空格、跳格符（制表符）或换行符	是，返回 1，否则返回 0
isupper	int isupper(int ch);	检查 ch 是否大写字母（A ~ Z）	是大写字母返回 1，否则返回 0
isxdigit	int isxdigit(int ch);	检查 ch 是否一个 16 进制数字（即 0 ~ 9，或 A 到 F，a ~ f）	是，返回 1，否则返回 0
tolower	int tolower(int ch);	将 ch 字符转换为小写字母	返回 ch 对应的小写字母
toupper	int toupper(int ch);	将 ch 字符转换为大写字母	返回 ch 对应的大写字母

3. 字符串函数

使用字符串中函数时，应该在源文件中使用预编译命令：#include <string.h> 或 #include "string.h"

函数名	函数原型	功　能	返回值
memchr	void memchr(void *buf, char ch,unsigned count);	在 buf 的前 count 个字符里搜索字符 ch 首次出现的位置	返回指向 buf 中 ch 的第一次出现的位置指针。若没有找到 ch，返回 NULL
memcmp	int memcmp(void *buf1, void *buf2,unsigned count);	按字典顺序比较由 buf1 和 buf2 指向的数组的前 count 个字符	buf1<buf2，为负数 buf1=buf2，返回 0 buf1>buf2，为正数
memcpy	void *memcpy(void *to, void *from,unsigned count);	将 from 指向的数组中的前 count 个字符拷贝到 to 指向的数组中。From 和 to 指向的数组不允许重叠	返回指向 to 的指针
memove	void *memove(void *to, void *from,unsigned count);	将 from 指向的数组中的前 count 个字符拷贝到 to 指向的数组中。From 和 to 指向的数组不允许重叠	返回指向 to 的指针
memset	void *memset(void *buf, char ch,unsigned count);	将字符 ch 拷贝到 buf 指向的数组前 count 个字符中	返回 buf
strcat	char *strcat(char *str1, char *str2);	把字符 str2 接到 str1 后面，取消原来 str1 最后面的串结束符"\0"	返回 str1
strchr	char *strchr(char *str,int ch);	找出 str 指向的字符串中第一次出现字符 ch 的位置	返回指向该位置的指针，如找不到，则应返回 NULL

续表

函数名	函数原型	功　能	返回值
strcmp	int *strcmp(char *str1, char *str2);	比较字符串 str1 和 str2	若 str1<str2，为负数 若 str1=str2，返回 0 若 str1>str2，为正数
strcpy	char *strcpy(char *str1, char *str2);	把 str2 指向的字符串拷贝到 str1 中去	返回 str1
strlen	unsigned intstrlen(char *str);	统计字符串 str 中字符的个数（不包括终止符“\0”）	返回字符个数
strncat	char *strncat(char *str1, char *str2,unsigned count);	把字符串 str2 指向的字符串中最多 count 个字符连到串 str1 后面，并以 NULL 结尾	返回 str1
strncmp	int strncmp(char *str1, *str2,unsigned count);	比较字符串 str1 和 str2 中至多前 count 个字符	若 str1<str2，为负数 若 str1=str2，返回 0 若 str1>str2，为正数
strncpy	char *strncpy(char *str1, *str2,unsigned count);	把 str2 指向的字符串中最多前 count 个字符拷贝到串 str1 中去	返回 str1
strnset	void *setnset(char *buf, char ch,unsigned count);	将字符 ch 拷贝到 buf 指向的数组前 count 个字符中。	返回 buf
strset	void *setset(void *buf, char ch);	将 buf 所指向的字符串中的全部字符都变为字符 ch	返回 buf
strstr	char *strstr(char *str1, *str2);	寻找 str2 指向的字符串在 str1 指向的字符串中首次出现的位置	返回 str2 指向的字符串首次出向的地址。否则返回 NULL

4. 输入输出函数

在使用输入输出函数时，应该在源文件中使用预编译命令：
#include <stdio.h> 或 #include "stdio.h"

函数名	函数原型	功　能	返回值
clearerr	void clearerr(FILE *fp);	清除文件指针错误指示器	无
close	int close(int fp);	关闭文件（非 ANSI 标准）	关闭成功返回 0，不成功返回 −1
creat	int creat(char *filename, int mode);	以 mode 所指定的方式建立文件（非 ANSI 标准）	成功返回正数，否则返回 −1
eof	int eof(int fp);	判断 fp 所指的文件是否结束	文件结束返回 1，否则返回 0
fclose	int fclose(FILE *fp);	关闭 fp 所指的文件，释放文件缓冲区	关闭成功返回 0，不成功返回非 0

续表

函数名	函数原型	功　能	返回值
feof	int feof(FILE *fp);	检查文件是否结束	文件结束返回非0，否则返回0
ferror	int ferror(FILE *fp);	测试fp所指的文件是否有错误	无错返回0，否则返回非0
fflush	int fflush(FILE *fp);	将fp所指的文件的全部控制信息和数据存盘	存盘正确返回0，否则返回非0
fgets	char *fgets (char *buf, int n, FILE *fp);	从fp所指的文件读取一个长度为(*n*−1)的字符串，存入起始地址为buf的空间	返回地址buf。若遇文件结束或出错则返回EOF
fgetc	int fgetc(FILE *fp);	从fp所指的文件中取得下一个字符	返回所得到的字符。出错返回EOF
fopen	FILE *fopen(char *filename, char *mode);	以mode指定的方式打开名为filename的文件	成功，则返回一个文件指针，否则返回0
fprintf	int fprintf (FILE *fp, char *format,args,…);	把args的值以format指定的格式输出到fp所指的文件中	实际输出的字符数
fputc	int fputc(char ch, FILE *fp);	将字符ch输出到fp所指的文件中	成功则返回该字符，出错返回EOF
fputs	int fputs(char str, FILE *fp);	将str指定的字符串输出到fp所指的文件中	成功则返回0，出错返回EOF
fread	int fread(char *pt, unsigned size, unsigned n, FILE *fp);	从fp所指定文件中读取长度为size的n个数据项，存到pt所指向的内存区	返回所读的数据项个数，若文件结束或出错返回0
fscanf	int fscanf (FILE *fp, char *format,args,…);	从fp指定的文件中按给定的format格式将读入的数据送到args所指向的内存变量中(args是指针)	以输入的数据个数
fseek	int fseek(FILE *fp, long offset, int base);	将fp指定的文件指针移到base所指出的位置为基准、以offset为位移量的位置	返回当前位置，否则返回 −1
ftell	long ftell(FILE *fp);	返回fp所指定的文件中的读写位置	返回文件中的读写位置，否则返回0
fwrite	int fwrite(char *ptr, unsigned size, unsigned n, FILE *fp);	把ptr所指向的n*size个字节输出到fp所指向的文件中	写到fp文件中的数据项的个数
getc	int getc(FILE *fp);	从fp所指向的文件中的读出下一个字符	返回读出的字符，若文件出错或结束返回EOF
getchar	int getchar();	从标准输入设备中读取下一个字符	返回字符，若文件出错或结束返回 −1

续表

函数名	函数原型	功　能	返回值
gets	char *gets(char *str);	从标准输入设备中读取字符串存入 str 指向的数组	成功返回 str，否则返回 NULL
open	int open(char *filename, int mode);	以 mode 指定的方式打开已存在的名为 filename 的文件（非 ANSI 标准）	返回文件号（正数），如打开失败返回 −1
printf	int printf(char *format,args,…);	在 format 指定的字符串的控制下，将输出列表 args 的指输出到标准设备	输出字符的个数。若出错返回负数
prtc	int prtc(int ch, FILE *fp);	把一个字符 ch 输出到 fp 所值的文件中	输出字符 ch，若出错返回 EOF
putchar	int putchar(char ch);	把字符 ch 输出到 fp 标准输出设备	返回换行符，若失败返回 EOF
puts	int puts(char *str);	把 str 指向的字符串输出到标准输出设备，将“\0”转换为回车行	返回换行符，若失败返回 EOF
putw	int putw(int w, FILE *fp);	将一个整数 *i*(一个字）写到 fp 所指的文件中（非 ANSI 标准）	返回读出的字符，若文件出错或结束返回 EOF
read	int read(int fd, char *buf, unsigned count);	从文件号 fp 所指定文件中读 count 个字节到由 buf 知识的缓冲区（非 ANSI 标准）	返回真正读出的字节个数，如文件结束返回 0，出错返回 −1
remove	int remove(char *fname);	删除以 fname 为文件名的文件	成功返回 0，出错返回 −1
rename	int remove(char *oname, char *nname)	把 oname 所指的文件名改为由 nname 所指的文件名	成功返回 0，出错返回 −1
rewind	void rewind(FILE *fp);	将 fp 指定的文件指针置于文件头，并清除文件结束标志和错误标志	无
scanf	int scanf(char *format,args,…);	从标准输入设备按 format 指示的格式字符串规定的格式，输入数据给 args 所指示的单元。args 为指针	读入并赋给 args 数据个数。如文件结束返回 EOF，若出错返回 0
write	int write(int fd, char *buf, unsigned count)	从 buf 指示的缓冲区输出 count 个字符到 fd 所指的文件中（非 ANSI 标准）	返回实际写入的字节数，如出错返回 −1

5. 动态存储分配函数

在使用动态存储分配函数时，应该在源文件中使用预编译命令：

#include <stdlib.h> 或 #include "stdlib.h"

函数名	函数原型	功　能	返回值
calloc	void *calloc(unsigned n, unsigned size);	分配 *n* 个数据项的内存连续空间，每个数据项的大小为 size	分配内存单元的起始地址。如不成功，返回 0
free	void free(void *p);	释放 p 所指内存区	无
malloc	void *malloc(unsigned size);	分配 size 字节的内存区	所分配的内存区地址，如内存不够，返回 0
realloc	void *realloc(void *p, unsigned size);	将 p 所指的以分配的内存区的大小改为 size。size 可以比原来分配的空间大或小	返回指向该内存区的指针。若重新分配失败，返回 NULL

6. 其他函数

有些函数由于不便归入某一类，所以单独列出。使用这些函数时，应该在源文件中使用预编译命令：

#include <stdlib.h> 或 #include "stdlib.h"

函数名	函数原型	功　能	返回值
atof	double atof(char*str);	将 str 指向的字符串转换为一个 double 型的值	返回双精度计算结果
atoi	int atoi(char*str);	将 str 指向的字符串转换为一个 int 型的值	返回转换结果
atol	long atol(char *str);	将 str 指向的字符串转换为一个 long 型的值	返回转换结果
exit	void exit(intstatus);	中止程序运行。将 status 的值返回调用的过程	无
itoa	char *itoa(int n, char *str,int radix);	将整数 *n* 的值按照 radix 进制转换为等价的字符串，并将结果存入 str 指向的字符串中	返回一个指向 str 的指针
labs	long labs(long num);	计算 long 型整数 num 的绝对值	返回计算结果
ltoa	char *ltoa(long n, char *str, int radix);	将长整数 *n* 的值按照 radix 进制转换为等价的字符串，并将结果存入 str 指向的字符串	返回一个指向 str 的指针
rand	int rand();	产生 0 ~ RAND_MAX 之间的伪随机数。RAND_MAX 在头文件中定义	返回一个伪随机（整）数
random	int random(int num);	产生 0 ~ num 之间的随机数	返回一个随机整数
randomize	void randomize();	初始化随机函数，使用时包括头文件 time.h	

参 考 文 献

[1] 谭浩强. C 程序设计 [M]. 北京：清华大学出版社，2018.

[2] 谭浩强. C 程序设计学习辅导 [M]. 5 版. 北京：清华大学出版社，2018.

[3] 苏小红，王宇颖，孙志岗. C 语言程序设计 [M]. 北京：高等教育出版社，2011.

[4] 丁峻岭. C 语言程序设计 [M]. 北京：中国铁道出版社，2007.

[5] 朱家义，黄勇. C 语言程序设计实例教程 [M]. 北京：清华大学出版社，2010.

[6] 刘维富. C 语言程序设计一体化案例教程 [M]. 北京：清华大学出版社，2009.

[7] 李震平，韩晓鸿. C 语言程序设计项目教程 [M]. 北京：北京理工大学出版社，2011.

[8] Kernighan B W，Titchie D M.The C Programming Language [M]. 北京：机械工业出版社，2007.

[9] 全国计算机等级考试命题研究组. 全国计算机等级考试考点分析：二级 C [M]. 北京：电子工业出版社，2006.

[10] 韩立毛，徐秀芳 .C 语言程序设计教程 [M]. 南京 : 南京大学出版社，2013.